普通高校"十四五"规划教材

信息论和编码理论

刘子辉　胡　峻　编著

北京航空航天大学出版社

内容简介

本书介绍信息论和编码理论，包括信息论中仙农的几个重要定理，如：信源的熵、信息的压缩、信息论中的信道编码定理、信息论在实际信道中的应用实例；最后介绍几类有广泛用途的线性码，包括线性等重码、一类二重量码及编码理论中的极大距离可分码（简称 MDS 码）。本书内容结构严谨，注重信息论和纠错编码理论的相互统一。

本书可作为高等院校数学系高年级本科生和低年级研究生的教材，也可作为信息工程类专业学生的参考用书。

图书在版编目(CIP)数据

信息论和编码理论 / 刘子辉，胡峻编著. -- 北京 : 北京航空航天大学出版社，2021.4

ISBN 978-7-5124-3490-5

Ⅰ. ①信… Ⅱ. ①刘… ②胡… Ⅲ. ①信息论－高等学校－教材②信源编码－高等学校－教材 Ⅳ. ①TN911.2

中国版本图书馆 CIP 数据核字(2021)第 056747 号

信息论和编码理论

刘子辉　胡　峻　编著

策划编辑　胡晓柏　　责任编辑　王　实

*

北京航空航天大学出版社出版发行

北京市海淀区学院路 37 号(邮编 100191)　http://www.buaapress.com.cn

发行部电话：(010)82317024　传真：(010)82328026

读者信箱：emsbook@buaacm.com.cn　邮购电话：(010)82316936

涿州市新华印刷有限公司印装　各地书店经销

*

开本：710×1 000　1/16　印张：6.5　字数：135 千字

2021 年 4 月第 1 版　2021 年 4 月第 1 次印刷　印数：2 000 册

ISBN 978-7-5124-3490-5　定价：29.00 元

前　言

信息论和编码理论是随着计算机和通信技术的发展而兴起的新学科。1948 年，美国人仙农在论文中详细阐述了通信中的数学理论，引起了通信领域的重大理论突破，奠定了信息论的基础。仙农给出的信道编码定理极大地促进了编码理论的发展，信息的传输也自然涉及信息的安全，从而又促进了密码学的发展。信息论、编码理论可以看成计算机、通信和数学的交叉学科，有着很强的实际背景，同时又是广泛应用数学理论的系统科学。当前信息论、编码理论与密码学已发展成密切联系同时又相对独立的分支。本书介绍信息论和编码理论的基本内容，目的是使读者了解这个领域的基本概念、思想和方法。

本书的编写参考了传统的信息论和编码理论教材，同时也加入了近期一些新的研究成果。本书内容结构严谨，注重信息论和纠错编码理论的相互统一。纠错编码理论可以看作是信息论中信道编码定理的具体实现，而信道编码定理为纠错编码理论的发展提供了理论依据。本书详细叙述了这些基本关系，内容连贯，涉及的数学工具易于理解，适合教学和自学两用。本书的符号遵循本领域书籍的习惯，矩阵和向量统一用白斜体。

本书适用对象是数学系高年级本科生和低年级研究生，也可作为信息工程类专业学生的参考用书。

由于作者学识水平有限，书中难免存在错误与不妥之处，恳请读者批评指正。

刘子辉　胡　峻

2020 年 12 月

目　　录

第 1 章　信源的熵

1.1　信息论的奠定

1948 年，美国科学家仙农（Shannon）发表了著名论文 *A mathematical theory of communication*（《通信中的数学理论》，见参考文献[13]），跨出了用数学方法定量描述信息的关键一步。仙农针对通信活动的特点，精辟地提出了"形式化假说""非决定论""不确定性"三个论点，从而突破性地成功引入了数学工具，奠定了信息论的基础。"形式化假说"大胆地去掉了通信过程中的语义、语用因素，把通信过程本质地描述为接收端精确或近似地复制发送端所选择的消息。"非决定论"源于仙农对通信过程中的对象的深刻观察。仙农指出："通信过程中传递的消息，总是从可能发生的消息对象集合中选择出来的。因此，通信系统应该针对每一个选择的消息对象都能工作，而不是局限于某些特定的消息对象。"什么时间发送什么消息对象，通信过程中遇到什么样的干扰和噪声，都是随机发生的。因此，通信过程应该是以概率论为基本数学工具描述的对象，以概率的方法给出信息的度量是非决定论的核心要素。"不确定性"归纳了通信的本质目的，即通信就是完全消除或部分消除不确定性。更具体地说，通信前，通信者对所关心的消息有很多"疑问""不解""不确定性"，需要解释、了解，从而增加确定性。通信的目的就是消除不确定性。通信过程后，通信者得到的信息量就是通信前的不确定性和通信后仍然存在的不确定性的差。因此，如果假设通信过程没有任何噪声和干扰，那么通信者通过通信得到的信息量应该恰好等于通信前所选择的传送消息的不确定性。而不确定性自然与概率相关，因而不确定性应该是概率的一个函数。比如：如果通信过程要完成所选择的字符的传递，那么该字符所含的不确定性就是该字符发生的先验概率的函数。更一般的，如果任何一个随机事件发生的概率为 p，那么它所含的信息量应该是 p 的一个函数。这个函数衡量了上述随机事件所包含的不确定性，我们可以把这个函数记为 $I(p)$，这是仙农对信息量度量的本质刻画。

通过对通信过程的分析，可以进一步得出函数 $I(p)$ 满足的性质。首先，如果假设通信过程没有任何干扰和噪声，这时发送者把概率 $p=1$ 的必然事件（或消息）发

送给接收者,则这种通信毫无意义,或者说通信结束后,接收者没得到任何信息,这说明

$$I(1)=0 \tag{1.1.1}$$

而随着 p 的减小,接收者会从通信过程中得到的信息量越来越大,或者说,

$$I(p)\text{ 是 } p \text{ 的递减且连续的函数} \tag{1.1.2}$$

如果发送者发送的事件的先验概率满足 $p\to 0$,则接收者收到这样的事件发生的消息后,会无比震惊,甚至不敢相信,从而在数学上可归纳为

$$\lim_{p\to 0} I(p)=\infty \tag{1.1.3}$$

另外,如果两个随机事件是相互独立的,那么它们的联合事件包含的信息量应该等于各自包含的信息量之和,即如果两个独立事件发生的概率分别为 p_1 和 p_2,则有:

$$I(p_1p_2)=I(p_1)+I(p_2) \tag{1.1.4}$$

于是,根据我们归纳的条件式(1.1.1)~式(1.1.4),利用微积分则可以严格证明下列定理。

定理 1.1.1 函数 $I(p)$在相差一个非零倍数的前提下唯一确定,且

$$I(p)=\log\frac{1}{p}$$

在上述定理中的信息度量函数 $I(p)$的表达式中,如果对数函数的底是 2,则信息量的单位称为比特;如果对数函数的底取自然底数 e,则信息量的单位称为奈特。在利用函数 $I(p)$时,可根据实际情况选择信息量的单位。

1.2 熵的概念

在 1.1 节引入的函数 $I(p)$确定的基础上,可以进一步衡量一个信源所含平均信息量的多少,这就是信息论中"熵"的概念。首先给出信源的定义。

定义 1.2.1 信源是一个二元有序对 $\varphi=(S,P)$,其中,$S=\{x_1,\cdots,x_n\}$称为信源字母集合,而 P 表示 S 的概率分布。通常用 p_i 或 $p(x_i)$表示 x_i 发生的概率。

显然,上述定义中的 $p(x_i)$的值满足 $0\leqslant p(x_i)\leqslant 1$, $\sum_{i=1}^{n}p(x_i)=1$,它反映 x_i 发生的不确定性。如:$p(x_i)=1$ 意味着 x_i 的发生是必然事件,而 $x_j(j\neq i)$的发生是不可能事件。这时,信源 $\varphi=(S,P)$没有任何不确定性。如果对每个 x_i 都有 $0<p(x_i)<1$,则信源 $\varphi=(S,P)$ 蕴含着不确定性,并且这种不确定性直观上应在 $p(x_1)=p(x_2)=\cdots=p(x_n)$时达到最大。为了刻画信源的这种不确定性,我们用一个函数给出信源的平均不确定性的度量,这个函数就是"熵"的概念。

定义 1.2.2 信源 $\varphi=(S,P)$的熵函数 $H(p_1,\cdots,p_n)$定义为

$$H(p_1,\cdots,p_n)=\sum_{i=1}^{n}p(x_i)\log\frac{1}{p(x_i)}=-\sum_{i=1}^{n}p(x_i)\log p(x_i)$$

由于当 $x\to 0$ 时，$x\log x\to 0$，因此约定 $0\log 0=0$，这样即使有部分 $p(x_i)=0$，熵函数 $H(p_1,\cdots,p_n)$ 也有意义，还能保证熵函数 $H(p_1,\cdots,p_n)$ 的连续性。在上述熵函数定义中，如果对数的底等于 b，则 $H(p_1,\cdots,p_n)$ 也常常记作 $H_b(p_1,\cdots,p_n)$.

例 1.2.1　对应两点分布的信源的熵函数是

$$H_2(p,1-p)=p\log_2\frac{1}{p}+(1-p)\log_2\frac{1}{1-p}$$

常常把它简记为 $H(p)$。它的图像从 $(0,0)$ 单调增加到 $\left(\frac{1}{2},1\right)$，再从 $\left(\frac{1}{2},1\right)$ 单调减到 $(1,0)$，图像特点为上凸的，并以 $x=\frac{1}{2}$ 为对称轴。

利用微积分中的拉格朗日条件极值的计算方法或根据对数函数图像的上凸性，容易得到下列基本结论：

定理 1.2.1　信源 $\varphi=(S,P)$ 的熵函数 $H(p_1,\cdots,p_n)$ 取得最大值，当且仅当

$$p_1=\cdots=p_n=\frac{1}{n}$$

此时，$H\left(\frac{1}{n},\cdots,\frac{1}{n}\right)=\log n$。

注记 1.2.1　上面的定理表明，当信源字符处于均匀分布时，该信源的不确定性达到最大，这是和我们的直观感觉相符的。

定义 1.2.3　设 X 是一个随机变量，其取值空间为 $S=\{x_1,\cdots,x_n\}$，设 $P(X=x_i)=p(x_i)$，则 X 的熵 $H(X)$ 定义为

$$H(X)=-\sum_{i=1}^{n}p(x_i)\log p(x_i)$$

随机变量 X 的熵 $H(X)$ 也可看成是一个新的随机变量的数学期望。根据定义 $H(X)=\sum_{i}P(X=x_i)\log\frac{1}{P(X=x_i)}$。如果我们定义一个随机变量 W，在 x_i 处的函数值 $W(x_i)=\log\frac{1}{P(X=x_i)}$，那么

$$H(X)=E(W)$$

定义 1.2.4　设 X 和 Y 是两个随机变量，X 的取值空间为 $S=\{x_1,\cdots,x_n\}$，Y 的取值空间为 $S=\{y_1,\cdots,y_m\}$，如果 $P(X=x_i,Y=y_j)=p(x_i,y_j)$，那么 X 和 Y 的联合熵 $H(X,Y)$ 定义为

$$H(X,Y)=-\sum_{i,j}p(x_i,y_j)\log p(x_i,y_j)$$

二维随机变量 $Z=(X,Y)$ 的熵定义为 $H(Z)=H(X,Y)$。

定义 1.2.5 设 $X_1, X_2, \cdots, X_n$ 是 n 个随机变量，X_i 的取值空间为 S_i，如果 $P(X_1=x_1, \cdots, X_n=x_n)=p(x_1, \cdots, x_n)$，那么$(X_1, \cdots, X_n)$的联合熵 $H(X_1, \cdots, X_n)$定义为

$$H(X_1, \cdots, X_n)=-\sum_{x_1 \in S_1, \cdots, x_n \in S_n} p(x_1, \cdots, x_n) \log p(x_1, \cdots, x_n)$$

n 维随机变量 $Z=(X_1, \cdots, X_n)$的熵定义为 $H(Z)=H(X_1, \cdots, X_n)$。

现在我们讨论联合熵的一些性质。合理的推测是：一个二维随机变量中的联合信息量比这个二维随机变量中的两个一维随机变量各自的信息量之和要小。下面的定理证实了这个推测。

定理 1.2.2 设 X 和 Y 是两个离散型随机变量，那么 $H(X,Y) \leqslant H(X)+H(Y)$；当且仅当 X 和 Y 互相独立时，等式成立。

证明 由熵函数的定义知：

$$\begin{aligned}
&H(X,Y)-[H(X)+H(Y)] \\
&=\sum_i \sum_j p(x_i, y_j) \log \frac{1}{p(x_i, y_j)}-\left[\sum_i p(x_i) \log \frac{1}{p(x_i)}+\sum_j p(y_j) \log \frac{1}{p(y_j)}\right] \\
&=\sum_i \sum_j p(x_i, y_j) \log \frac{1}{p(x_i, y_j)}-\left[\sum_i \sum_j p(x_i, y_j) \log \frac{1}{p(x_i)}+\right. \\
&\left.\sum_i \sum_j p(x_i, y_j) \log \frac{1}{p(y_j)}\right] \\
&=\sum_i \sum_j p(x_i, y_j) \log \frac{1}{p(x_i, y_j)}-\sum_{i,j} p(x_i, y_j) \log \frac{1}{p(x_i) p(y_j)} \\
&=\sum_i \sum_j p(x_i, y_j) \log \frac{p(x_i) p(y_j)}{p(x_i, y_j)} \\
&\leqslant \log \left[\sum_i \sum_j p(x_i, y_j) \frac{p(x_i) p(y_j)}{p(x_i, y_j)}\right]
\end{aligned}$$

（这一步利用了对数函数的上凸性，参见本章练习题 1）

$$\begin{aligned}
&=\log \left[\sum_i \sum_j p(x_i) p(y_j)\right]=\log \left[\sum_i p(x_i) \sum_j p(y_j)\right] \\
&=\log 1=0
\end{aligned}$$

由上式的推导过程得知，等号成立当且仅当 $p(x_i, y_j)=p(x_i) p(y_j)$时，$\forall i, j$ 均成立。也就是说，当且仅当 X, Y 互相独立时，等式成立。 □

这个定理还可以推广到多维随机变量的情形，以下推论的证明留作练习。

推论 1.2.1 设 $X_1, \cdots, X_n$ 是 n 个离散型随机变量，那么 $H(X_1, \cdots, X_n) \leqslant H(X_1)+\cdots+H(X_n)$，当且仅当 X_i 互相独立时，等式成立。

推论 1.2.2 设 $X_1, \cdots, X_n$ 和 $Y_1, \cdots, Y_m$ 都是离散型随机变量，那么

$$H(X_1, \cdots, X_n, Y_1, \cdots, Y_m) \leqslant H(X_1, \cdots, X_n)+H(Y_1, \cdots, Y_m)$$

当且仅当 $X=(X_1,\cdots,X_n)$ 和 $Y=(Y_1,\cdots,Y_m)$ 相互独立时，等式成立。

本章给出信息的度量——熵函数的概念。熵函数最初由德国人克劳修斯(Clausius)于 1864 年在热力学中使用，用以表示任何一种能量在空间中分布的均匀程度。1948 年，仙农以此来度量信息。信息的度量函数 $\log\frac{1}{p}$ 是信息论的基石。有了这个函数后，信息论才严格地成为科学的分支。本章主要参考了文献[3]和文献[7]。

仙农生平简介 仙农于 1916 年 4 月 30 日生于美国密歇根州，2001 年 2 月 24 日病逝。1936 年，仙农于密歇根大学获得电气工程和数学两个学士学位。1940 年，仙农在麻省理工学院同时获得电气工程硕士和数学博士学位。之后，在麻省理工学院工作。仙农兴趣广泛，一生有许多杰出的发明。渊博的知识和敏锐的洞察力使得仙农自如地把数学理论用于工程中。正如大数学家 Kolmogrov 所说"仙农是科学家中的一个卓越的典范，他把深奥而抽象的数学思想和概括与很具体的对关键技术问题的理解结合起来。他被认为是最近几十年最伟大的工程师之一，同时也被认为是最伟大的数学家之一"。仙农创立信息论永远为世人敬仰，正如著名信息论和编码学者 Blahut 所评价的"两三百年后，当人们回顾这个时代的时候，他们可能不记得谁曾是美国的总统，谁曾是影星或摇滚歌手，但他们仍会知道仙农的名字，学校里仍然会讲授信息论"。

练习题

1. 证明定理 1.1.1 并验证对数函数的上凸性质，即对任何正整数 n 及满足条件 $0\leqslant\lambda_i\leqslant 1$ 和 $\sum_{i=1}^{n}\lambda_i=1$ 的一组数 λ_i，下列关系成立：

$$\sum_{i=1}^{n}\lambda_i\log x_i\leqslant\log\left(\sum_{i=1}^{n}\lambda_i x_i\right)$$

2. (熵函数分组性质)设 $p_1,\cdots,p_n,q_1,\cdots,q_m$ 是一个概率分布，如果

$$a=p_1+\cdots+p_n$$

则证明：

$$H(p_1,\cdots,p_n,q_1,\cdots,q_m)=H(a,1-a)+aH\left(\frac{p_1}{a},\cdots,\frac{p_n}{a}\right)+(1-a)H\left(\frac{q_1}{1-a},\cdots,\frac{q_m}{1-a}\right)$$

3. 证明定理 1.2.1。

4. 证明推论 1.2.1。

5. 证明推论 1.2.2。

6. 证明熵函数 $H(X)$是输入分布的上凸函数。

7. 设 $p_1,\cdots,p_n$ 是概率分布，令 $q_m=p_{m+1}+\cdots+p_n$。

(a) 证明 $H(p_1,\cdots,p_n)\leqslant H(p_1,\cdots,p_m,q_m)+q_m\log(n-m)$；

(b) 在什么条件下，等式成立？

8. 设 $S=0,1,P$ 是信源，这里 $P(0)=p$。从信源中随机抽取两次，每次抽取一个字母，分别得到字母 X_1,X_2，如果 $X_1=X_2$，则令 $Y=0$，否则 $Y=1$。

(a) 求出 $H(Y)$；

(b) 证明 $H(X_1,X_2)=H(X_1,Y)$，这说明什么？

(c) 预测 $H(X_1,Y)-H(X_1)$的值，然后验证它。

第2章　信源编码

本章将重点介绍无噪声信源编码的理论，即假设数据传输中不会发生错误的情况下如何高效率地编码。

2.1　可变长度编码

首先建立一些基本概念。设 $\mathcal{A}=\{a_1,a_2,\cdots,a_n\}$ 是一个有限集合，称为字母表。$\mathcal{A}$ 上的一个字符串，或者一个码字，是指 $\mathcal{A}$ 中元素的一个序列，通常(不总是)用符号的排列把字符串写成 $a_{i_1}a_{i_2}\cdots a_{i_n}$。偶尔为了可读性，字符串中字母之间可以有空格、逗号、括号或者其他标点符号，空串 θ 是唯一没有符号的字符串。字符串 a 的长度，是指字符串中出现的字母符号的个数，记为 $\text{len}(a)$，$\mathcal{A}$ 上所有字符串集合记为 $\mathcal{A}^*$。

定义 2.1.1　设 $\mathcal{A}=\{a_1,a_2,\cdots,a_r\}$ 是一个有限集，称为码符号集。一个 r 元码是 $\mathcal{A}$ 上所有字符串集合 $\mathcal{A}^*$ 的一个非空子集，码的元素称为码字。码符号集为 $\{0,1\}$ 的码称为二元码，码符号集为 $\{0,1,2\}$ 的码称为三元码。

定义 2.1.2　设 $\varphi=(S,P)$ 是一个信源。φ 的一个编码方案是指一个有序对 (C,f)，其中 C 是一个码，$f:S\to C$ 是一个单射函数，称为编码函数。

这样，一个编码函数就给 S 中的每一个源符号都赋予了一个 C 中的码字。对于无噪声信源编码，度量其编码效率的一个指标是它的平均码字长度。

定义 2.1.3　信源 $\varphi=(S,P)$ 的一个编码方案 (C,f) 的平均码字长度(简称为编码方案长度)是

$$\text{AveLen}(C,f)=\sum_{i=1}^{n}P(s_i)\text{len}[f(s_i)]$$

一个编码方案的平均码字长度和码中的码字平均长度是完全不一样的概念。一个码中的码字平均长度可能比另一个码的码字平均长度长，但作为编码方案来说，前者可能比后者更优。以下的例子就说明了这一点。

例 2.1.1　考虑信源 $S=\{a,b,c,d\}$，其概率分布为 $P(a)=\frac{2}{17}$，$P(b)=\frac{2}{17}$，

$P(c)=\frac{9}{17}$和 $P(d)=\frac{4}{17}$。同时,考虑两个编码方案(C_1,f_1)和(C_2,f_2),其中 $C_1=\{11,0,100,10\}$,$C_2=\{01010,00,10,11\}$,f_1 和 f_2 如下定义:

$$\begin{aligned} f_1(a)&=11, & f_2(a)&=01010 \\ f_1(b)&=0, & f_2(b)&=00 \\ f_1(c)&=100, & f_2(c)&=10 \\ f_1(d)&=10, & f_2(d)&=11 \end{aligned}$$

于是可得:

$$\text{AveLen}(C_1,f_1)=\frac{2}{17}\cdot 2+\frac{2}{17}\cdot 1+\frac{9}{17}\cdot 3+\frac{4}{17}\cdot 2=\frac{41}{17}$$

$$\text{AveLen}(C_2,f_2)=\frac{2}{17}\cdot 5+\frac{2}{17}\cdot 2+\frac{9}{17}\cdot 2+\frac{4}{17}\cdot 2=\frac{40}{17}$$

注意到,尽管码 C_2 的码字平均长度比码 C_1 的长,但作为编码方案,(C_2,f_2)的平均码字长度更短,所以比(C_1,f_1)更有效。

当然,只有基于同一个符号集合的编码方案之间的编码效率的比较才有意义。因为一般来说,符号集合越大,编码方案的平均码字长度会越短。如果码 C 中所有码字都有相同的长度,码 C 就是固定长度码,或者分组码。反之,如果码 C 包含不同长度的码字,就称其为可变长度码。使用固定长度码的编码方案称为固定长度编码方案。类似于可变长度编码方案。当概率分布 P 是均匀分布时,固定长度编码和可变长度编码效率相同。但当概率分布 P 不是均匀分布时,可变长度编码往往比固定长度编码效率高。下面的例子可以说明这一点。

例 2.1.2 设信源 $S=\{s_1,s_2,s_3\}$,其概率分布满足 $P(s_1)=\frac{1}{2}$,$P(s_2)=\frac{1}{4}$,$P(s_3)=\frac{1}{4}$。如果用固定长度二元编码方案,则编码方案的长度至少是 2,因而码字平均长度至少也是 2。但如果采用可变长度编码方案,则可以把码字 0 赋予 s_1,码字 10 和 11 分别赋予 s_2 和 s_3,此时的编码方案长度为$\frac{1}{2}\cdot 1+\frac{1}{4}\cdot 2+\frac{1}{4}\cdot 2=\frac{3}{2}$,从而可变长度编码效率更高。

2.1.1 唯一可译码

尽管可变长度编码方案比固定长度编码方案效率更高,但是可变长度编码方案有一个潜在的问题,我们用下面的例子说明这个问题。设信源 S、码 C 和编码方案 f 为

$$S=\{a,b,c\},\ C=\{0,01,001\}$$

$$f(a)=0,\ f(b)=01,\ f(c)=001$$

这个编码方案造成的麻烦是：一旦收到字符串 001，则既可以解码为 ab，也可以解码为 c，也就是译码方式不唯一。

为了使上述编码方案唯一可译，我们需要一个码字分隔符，比如"/"，它可以使我们把字符 ab 编成可以唯一可译的接收串 0/01。但增加的分隔符增加了编码的长度，这与高效率编码的初衷又背道而驰。为解决这个问题，首先给出下列定义。

定义 2.1.4　设 C 是一个码，$c_1,\cdots,c_k$ 和 $d_1,\cdots,d_j$ 是 C 中的码字。如果

$$c_1\cdots c_k=d_1\cdots d_j$$

则必有 $k=j$，且对任意 i，$c_i=d_i$ 成立，这时就称 C 为唯一可译码。

译码方式的唯一性是任何解码过程中的自然要求，但仅仅唯一可译有时候仍然会造成效率的低下，这一点可以通过下面的例子看到。

例 2.1.3　考虑码 $C=\{0,01,011,0111\}$ 以及编码函数

$$f(a)=0,\ f(b)=01,\ f(c)=011,\ f(d)=0111$$

不难看出，这确实是一个唯一可译码。但如果传送串 0111，在接收到第一个 0 以后，却不能确定它是不是代表了信源字母 a。同样的，当接收到 01 时，也不能确定它是不是代表了 b，或者是 c，d 码字的前面的一部分。实际上，在 0111 被全部接收之前，都不能确定是不是这个串。所以上述编码方案虽然符合唯一可译的要求，但译码过程出现了延迟。作为接收方，延迟译码显然也不是理想的编码方案。而所期望的译码方式是即时的，即接收到的同时即可译出码字，这就是下一小节中所介绍的即时码。

2.1.2　即时码和前缀性质

根据 2.1.1 小节的例子可给出下面的定义：

定义 2.1.5　如果码 C 中的每一个码字，无论在什么样的码字串中，一旦被接收就可以即时被译出，那么就称码 C 为即时码。

实际上，2.1.1 小节的例子可以修改成即时码，这只需给定码 $C=\{0,10,110,1110\}$ 及相应的编码函数 f 为

$$f(a)=0,\ f(b)=10,\ f(c)=110,\ f(d)=1110$$

这种情况下，一旦被接收，任何一个码字都可以即时被解码，因为 0 的出现，就意味着一个码字的结束。

虽然唯一可译码不一定是即时码，但一个即时码一定是唯一可译的。所以寻找即时码的判别方式和有效构造是令人感兴趣的工作。幸运的是，人们寻找到便利的方法判断什么样的码是即时的。先给出一个定义。

定义 2.1.6　如果码 C 中的任何一个码字都不是另一个码字的前缀。也就是

说，只要 $x_1x_2\cdots x_n$ 是一个码字，那么对任意 $1\leqslant k<n$，$x_1x_2\cdots x_k$ 都不是码字，就称码 C 具有前缀性质。

前缀性质的重要性来自给出了即时码的判别方法，也即下面容易证明的定理。定理的证明作为本章后的习题。

定理 2.1.1 一个码是即时码当且仅当它具有前缀性质。

下面的例子是一个典型的即时码，称为“逗号码”。

例 2.1.4 设 n 是一个正整数。逗号码是指

$$C=\{1,01,001,\cdots,0\cdots01,\cdots\}$$

这个码字的特点是以 1 结尾，1 前面的 0 的个数逐渐增加。逗号码这个词源于符号 1 的作用相当于逗号，提示码字结尾。由于逗号码具有前缀性质，因而是即时码。

给定码字的长度分布后，相应的即时码是否存在？这个问题由 L. G. Kraft 在 1949 年解决。以下著名的 Kraft 定理给出了一个判别给定码字长度分布的即时码是否存在的准则。

定理 2.1.2

① 如果 C 是 r 元即时码，码字长度为 $l_1,\cdots,l_n$，那么这些长度必定满足 Kraft 不等式

$$\sum_{i=1}^{n} r^{-l_i}\leqslant 1$$

② 如果数字 $l_1,\cdots,l_n$ 和 r 满足 Kraft 不等式，那么存在一个码字长度为 $l_1,\cdots,l_n$ 的 r 元即时码。

注记 2.1.1 Kraft 定理说明，只要 $l_1,\cdots,l_n$ 满足 Kraft 不等式，就一定存在一个即时码，其码字长度恰好为 $l_1,\cdots,l_n$。但这并不意味着凡是长度满足 Kraft 不等式的码都是即时码，下面的例子说明了这一点。

例 2.1.5 考虑二元码 $C=\{0,10,101,111\}$，其码字长度 1,2,3,3 满足 Kraft 不等式：

$$\frac{1}{2}+\frac{1}{2^2}+\frac{1}{2^3}+\frac{1}{2^3}=1$$

但是码 C 却不满足前缀条件，因而不是即时码。

定理 2.1.2 的证明 设 $C=\{c_1,\cdots,c_n\}$ 是码字长度为 $l_1,\cdots,l_n$ 的 r 元即时码。令 $L=\max\{l_i\}$，如果 $c_i=x_1x_2\cdots x_{l_i}\in C$，那么下面任何形式的码字：

$$x=x_1x_2\cdots x_{l_i}y_{l_i+1}\cdots y_L$$

一定不在 C 中，否则 c_i 将成为 x 的前缀。形如 $x=x_1x_2\cdots x_{l_i}y_{l_i+1}\cdots y_L$ 的码字共有 r^{L-l_i} 个。对 i 求和，得到一个长度为 L 的串的集合所包含的元素个数。由于长度为 L 的串共有 r^L 个，于是：

$$r^L \sum_{i=1}^{n} r^{-l_i} \leqslant r^L$$

即

$$\sum_{i=1}^{n} r^{-l_i} \leqslant 1$$

所以 Kraft 不等式成立。

反之，假设 $l_1, l_2, \cdots, l_n$ 和 r 满足 Kraft 不等式，要证明在字母表 $\mathcal{A}=\{a_1, a_2, \cdots, a_r\}$ 上存在即时码 C，其码字长度为 $l_1, l_2, \cdots, l_n$。我们将直接构造满足前缀性质的码，从而得到即时码。

首先，令 α_j 为等于 j 的 l_i 的个数。这样，α_1 即为码 C 中长度等于 1 的码字的个数，α_2 即为码 C 中长度等于 2 的码字的个数，等等。为了构造即时码 C，需要选择长度为 1 的 α_1 个码字。只要 $\alpha_1 \leqslant r$，总可以选取前 α_1 个字母

$$a_1, a_2, \cdots, a_{\alpha_1}.$$

其次，需要选择 α_2 个长度为 2 的码字。根据前缀性质，不能选取 $a_1, a_2, \cdots, a_{\alpha_1}$ 中的任何一个作为新码字的前缀。换句话说，在 r^2 个 $\mathcal{A}$ 上不同码字中，有 $\alpha_1 r$ 个以 $a_1, a_2, \cdots, a_{\alpha_1}$ 中的某个符号开头的码字不能选。显然只要

$$\alpha_2 \leqslant r^2 - \alpha_1 r$$

或者等价的，只要

$$\alpha_1 r + \alpha_2 \leqslant r^2$$

总可以在剩下的 $r^2 - \alpha_1 r$ 个不同的码字中选取 α_2 个码字。

再次，是选取 α_3 个长度为 3 的码字，仍然根据前缀性质，在 r^3 个长度为 3 的码字中，有 $\alpha_1 r^2$ 个码字不能选取；类似的，还有另外 $\alpha_2 r$ 个码字也不能选取。这样，只要下列条件满足：

$$\alpha_3 \leqslant r^3 - \alpha_1 r^2 - \alpha_2 r$$

或者等价的，只要下列条件满足：

$$\alpha_1 r^2 + \alpha_2 r + \alpha_3 \leqslant r^3$$

就能在剩下的 $r^3 - \alpha_1 r^2 - \alpha_2 r$ 个不同码字中选取 α_3 个长度为 3 的码字。

继续以上步骤并令 $L = \max\{l_i\}$，即可得一系列不等式：

$$\begin{aligned} \alpha_1 &\leqslant r \\ \alpha_1 r + \alpha_2 &\leqslant r^2 \\ \alpha_1 r^2 + \alpha_2 r + \alpha_3 &\leqslant r^3 \\ &\vdots \\ \alpha_1 r^{L-1} + \alpha_2 r^{L-2} + \cdots + \alpha_L &\leqslant r^L \end{aligned}$$

注意到，每个不等式都蕴含着前一个不等式，所以，上面一系列不等式的成立等价于最后一个不等式成立，即只要最后一个不等式成立，就可以构造一个即时码。把最

后一个不等式的两边除以 r^L，得：

$$\frac{\alpha_1}{r}+\frac{\alpha_2}{r^2}+\cdots+\frac{\alpha_L}{r^L}\leqslant 1$$

此式即为 Kraft 不等式的等价写法。 □

2.1.3 唯一可译码和 McMillan 定理

在 2.1.2 小节中我们给出了以码字长度判别即时码存在的 Kraft 定理。由于即时码一定是唯一可译码，因而 Kraft 不等式是唯一可译码存在的充分条件。有趣的是，唯一可译码存在的必要条件也可由 Kraft 不等式给出。所以，Kraft 不等式是唯一可译码存在的充分必要条件。这是本小节的主要内容。

定理 2.1.3(McMillan) 如果 $C=\{c_1,\cdots,c_n\}$ 是唯一可译 r 元码，那么它的码字长度 $l_1,\cdots,l_n$ 一定满足 Kraft 不等式

$$\sum_{i=1}^{n} r^{-l_i}\leqslant 1$$

证明 设 α_k 是码 C 中长度为 k 的码字的个数，于是有

$$\sum_{i=1}^{n} r^{-l_i}=\sum_{i=1}^{m}\alpha_i r^{-i}$$

其中，$m=\max\{l_1,\cdots,l_n\}$。设 u 是一个正整数，考虑

$$\left(\sum_{i=1}^{m}\alpha_i r^{-i}\right)^u=\left(\frac{\alpha_1}{r}+\cdots+\frac{\alpha_m}{r_m}\right)^u$$

将右边展开得：

$$\sum_{1\leqslant i_1,\cdots,i_u\leqslant m}\frac{\alpha_{i_1}}{r^{i_1}}\cdots\frac{\alpha_{i_u}}{r^{i_u}}=\sum_{1\leqslant i_1,\cdots,i_u\leqslant m}\frac{\alpha_{i_1}\cdots\alpha_{i_u}}{r^{i_1+\cdots+i_u}}$$

由于 $1\leqslant i_j\leqslant m$，每个和 $i_1+\cdots+i_u$ 至少是 u，至多是 um。合并具有相同和 $i_1+\cdots+i_u$ 的那些项得到：

$$\sum_{t=u}^{um}\left(\sum_{i_1+\cdots+i_u=t}\alpha_{i_1}\cdots\alpha_{i_u}\right)\frac{1}{r^t}=\sum_{t=u}^{um}\frac{N_t}{r^t}$$

这里

$$N_t=\sum_{i_1+\cdots+i_u=t}\alpha_{i_1}\cdots\alpha_{i_u}$$

N_t 可以看成长度为 $i_1+\cdots+i_u=t$ 的一些特殊码字串的数量，使得这些码字串都是由一个长度为 i_1 的码字后面接一个长度为 i_2 的码字，最后接一个长度为 i_u 的码字。根据已知条件 C 是唯一可译码，故上面连成的那些长度为 t 的码字串是两两不同的。因而 N_t 不会多于 t 长的字符串总数 r^t，即

$$N_t \leqslant r^t$$

因此

$$\left(\sum_{i=1}^{m} \frac{\alpha_i}{r^i}\right)^u = \sum_{t=u}^{um} \frac{N_t}{r^t} \leqslant \sum_{t=u}^{um} 1 \leqslant um$$

上式两边取 u 次方根得：

$$\sum_{i=1}^{m} \frac{\alpha_i}{r_i} \leqslant u^{\frac{1}{u}} m^{\frac{1}{u}}$$

因为这个不等式对任意正整数 u 都成立，所以可令 $u \to \infty$，于是得下列 Kraft 不等式：

$$\sum_{i=1}^{m} \frac{\alpha_i}{r_i} \leqslant \lim_{u \to \infty} u^{\frac{1}{u}} m^{\frac{1}{u}} = 1$$

□

注记 2.1.2　McMillan 定理虽然由 McMillan 提出，但这里的证明采用了 Karush 给出的完美的证明方法。

类似于例 2.1.5，我们通过下例说明一个码 C 满足 Kraft 不等式，不能断定它一定是唯一可译码。

例 2.1.6　设信源 S、码 C 和编码方案 f 为

$$S = \{a, b, c\},\ C = \{0, 01, 001\}$$

$$f(a) = 0,\ f(b) = 01,\ f(c) = 001$$

由于字符串 a、b 和 c 均对应码字 001，所以 C 不是唯一可译码，但其码字长度却满足 Kraft 不等式，即

$$\frac{1}{2} + \frac{1}{2^2} + \frac{1}{2^3} = \frac{7}{8} < 1$$

应用 Kraft 定理和 McMillan 定理，立刻得到下列结论：

定理 2.1.4　码字长度为 $l_1, \cdots, l_n$ 的唯一可译码存在，当且仅当同样码字长度的即时码存在。

推论 2.1.1　给定信源后，寻找唯一可译码中的最小平均码字长度的编码方案等价于寻找拥有相同的最小平均码字长度的即时码编码方案。

下一节将介绍如何构造拥有最小平均码字长度的即时码编码方案。

2.2 霍夫曼码

在 2.1.3 小节中已经证明寻找最小平均码字长度的唯一译码方案等价于寻找相应的即时码编码方案。寻找最小平均码字长度的即时码编码方案的工作由霍夫曼(D. A. Huffman)给出。1952 年，霍夫曼发明了高效的构造即时码编码方案的方法，

这就是大家熟知的霍夫曼编码。很显然，一个编码方案的平均码字长度与信源符号的属性无关，因此可以直接把码字分配给概率。于是，其可以说成针对某个概率分布$(p_1,\cdots,p_n)$的编码方案，其中的码字$c_1,\cdots,c_n$与概率值$p_1,\cdots,p_n$一一对应。了解概率分布后，就可以构造编码方案了。

有了这些条件，一个编码方案$(c_1,\cdots,c_n)$的平均码字长度为

$$\text{AveLen}(c_1,\cdots,c_n)=\sum_{i=1}^{n}p_i\,\text{len}(c_i)$$

我们将用符号 $\min\text{AveLen}(p_1,\cdots,p_n)$表示概率分布$(p_1,\cdots,p_n)$的所有 r 元即时编码方案的平均码字长度中的最小值。

定义 2.2.1 概率分布$(p_1,\cdots,p_n)$的最优 r 元码是指一个平均码字长度为

$$\text{AveLen}(c_1,\cdots,c_n)=\min\text{AveLen}(p_1,\cdots,p_n)$$

的一个 r 元即时码$(c_1,\cdots,c_n)$。

这里主要结论是：

定理 2.2.1（霍夫曼编码定理） 对任意一个概率分布$(p_1,\cdots,p_n)$和整数 $r>1$，总存在 r 元即时码$(c_1,\cdots,c_n)$使得

$$\text{AveLen}(c_1,\cdots,c_n)=\min\text{AveLen}(p_1,\cdots,p_n)$$

即最优 r 元码总是存在的，此最优码也称为霍夫曼码。

在给出霍夫曼定理的证明之前，需要一些准备工作。霍夫曼码的构造过程是通过概率分布的一步步收缩，每次收缩即是把概率分布中一些较小的概率值求和，并与余下的概率值组成一个新的概率分布，然后对此新的概率分布再次进行收缩运算。收缩运算进行到最后一步，期望恰好剩下 r 个概率值构成的一个分布，然后将 r 个字符分配给这 r 个概率值作为码字，再进行反向扩展编码，即把前一步做收缩的概率值基于后一步已经编好的码字，利用 r 个字符进行扩展编码。反向扩展编码过程直到进行到最初的概率分布。根据上述编码思想，为了使 r 元编码尽可能有较短的码字长度，我们不仅期望概率分布的收缩运算进行到最后一步恰好剩下 r 个概率值，也期望每次的收缩运算恰好也是对 r 个概率值相加。当然，这样的期望不一定能实现，如果达不到这种期望，可以调整第一次收缩运算中相加的概率的个数，而后面的每次收缩运算都是把 r 个概率值相加，直到最后恰好剩下 r 个概率值。之所以把需调整的收缩运算放在第一步，就是因为扩展编码过程的最后一步正好是最初的概率分布的编码，这一步的码字长度最长。所以为使码字平均长度尽可能短，应该把少于 r 个概率相加的收缩运算放在第一步。另外，高效编码的结果应该是概率越大对应的码字越短，概率越小对应的码字越长。否则，我们总可以重新分配码字而得到更高效的编码方案。结合扩展编码的过程，我们即可得出：每次收缩运算都应该把概率分布中最小的几个概率值相加。

为实现上面的收缩运算和扩展编码过程，可以把最初的概率分布由大到小排

序，然后（第一次）做收缩运算。假设第一次收缩运算是把 s 个最小的概率值相加，根据前面的叙述，s 应该满足：$s\leqslant r$。第一次收缩运算后，把得到的新概率值与余下的概率值所组成的新概率分布再按照概率值由大到小排序，然后（第二次）做收缩运算。第二次收缩运算，要求把 r 个最小的概率值相加，得到新的概率分布，对新的概率分布再同样排序，再进行收缩运算。从第二次收缩运算到最后一步收缩运算，每次都要求是 r 个最小的概率值相加，最后恰好剩下 r 个概率值构成的概率分布。如果给定的最初概率分布含有 n 个概率值，则第一次收缩 s 个概率值后，还剩下 $n-(s-1)$ 个概率值，再假设经过 u 次 r 个概率值的收缩后，得到最后的 r 个概率值的概率分布，于是得到以下数量关系：

$$n-(s-1)-u(r-1)=r$$

或者

$$s=n-(u+1)(r-1)$$

上式可写成

$$s\equiv n \bmod (r-1),\quad 2\leqslant s\leqslant r \tag{2.2.1}$$

由条件式(2.2.1)可知：二元霍夫曼编码每次都是 $s=r=2$ 个概率的收缩。

定理 2.2.1 的证明将在之后给出，基于其证明及上面对证明思想的解释，我们首先介绍霍夫曼编码算法。

定理 2.2.2（霍夫曼编码算法）　对于一个概率分布 P，考虑一个产生 r 元编码 C 的算法 $\mathcal{H}$：

① 如果 $P=(p_1,\cdots,p_n)$，$n\leqslant r$，则令 $C=\{0,\cdots,n-1\}$。

② 如果 $P=(p_1,\cdots,p_n)$，$n>r$，则：

(a) 对概率分布 P 由大到小排序，不妨假设：$p_1\geqslant p_2\geqslant\cdots\geqslant p_n$；

(b) 令 $Q=(p_1,\cdots,p_{n-s},q)$，这里 $q=p_{n-s+1}+\cdots+p_n$，s 由式(2.2.1)确定；

(c) 在概率分布 Q 上使用算法 $\mathcal{H}$，得到编码方案

$$D=(c_1,\cdots,c_{n-s},d)$$

(d) 令

$$C=(c_1,\cdots,c_{n-s},d_0,d_1,\cdots,d_{s-1})$$

则码 C 是最优码。

下面用霍夫曼编码算法计算一个例子。

例 2.2.1　对概率分布 $P=(0.25,0.19,0.20,0.13,0.10,0.006,0.06,0.04,0.004,0.02)$，构造一个五元霍夫曼码。首先把概率分布 P 中的概率按由大到小的顺序重新排列，变成 $P=(0.25,0.20,0.19,0.13,0.10,0.06,0.04,0.02,0.006,0.004)$，现在 $n=10$，$r=5$，于是由条件式(2.2.1)可确定 $s=2$，即第一次需要收缩两个最小的概率值。于是，我们把上面排好序的概率值的最后两个相加得：$0.006+0.004=0.01$。然后，把新得到的 0.01 重新标记成 0.01^*，并与其他的概率值构成新的概率

分布，再次进行排序得：$P=(0.25, 0.20, 0.19, 0.13, 0.10, 0.06, 0.04, 0.02, 0.01^*)$，接着做 $r=5$ 个最小概率值的收缩，即把新排好序的概率分布中最后 5 个概率值相加，得：$0.10+0.06+0.04+0.02+0.01=0.23$，把新得到的概率值 0.23 重新标记为 0.23^*，并与剩下的概率值再重新由大到小排序得：$P=(0.25, 0.23^*, 0.20, 0.19, 0.13)$，现在看到恰好已剩下 5 个概率值构成的分布，于是，收缩运算过程结束，我们可以做扩展编码了。首先，把 $r=5$ 个字符 0,1,2,3,4 分别按顺序赋予收缩运算最后得到的 5 个概率值，即

$$
\begin{aligned}
0.25 &\longleftarrow 0\\
0.23^* &\longleftarrow 1\\
0.20 &\longleftarrow 2\\
0.19 &\longleftarrow 3\\
0.13 &\longleftarrow 4
\end{aligned}
$$

接下来，把上一步做收缩运算得到 0.23(标记了 * 号)的 5 个概率值做扩展编码，从而得到：

$$
\begin{aligned}
0.25 &\longleftarrow 0\\
0.20 &\longleftarrow 2\\
0.19 &\longleftarrow 3\\
0.13 &\longleftarrow 4\\
0.10 &\longleftarrow 10\\
0.06 &\longleftarrow 11\\
0.04 &\longleftarrow 12\\
0.02 &\longleftarrow 13\\
0.01^* &\longleftarrow 14
\end{aligned}
$$

接下来，再把前一步收缩运算得到 0.01 的两个概率值做扩展编码，从而得到：

$$
\begin{aligned}
0.25 &\longleftarrow 0\\
0.20 &\longleftarrow 2\\
0.19 &\longleftarrow 3\\
0.13 &\longleftarrow 4\\
0.10 &\longleftarrow 10\\
0.06 &\longleftarrow 11\\
0.04 &\longleftarrow 12\\
0.02 &\longleftarrow 13\\
0.006 &\longleftarrow 140\\
0.004 &\longleftarrow 141
\end{aligned}
$$

此即最后得到的编码方案。

2.3　霍夫曼编码定理的证明

为完成霍夫曼编码定理的证明，假设构造 r 元码的字母表是 $\{0,1,\cdots,r-1\}$。概率分布为

$$P=(p_1,\cdots,p_n)$$

不妨假设上面的概率分布已由大到小排好序。注意到对其进行一次 $s(s\leqslant r)$ 个概率值的收缩运算时得到：

$$Q=\{p_1,\cdots,p_{n-s},q\}$$

这里 $q=p_{n-s+1}+\cdots+p_n$。假设

$$D=\{c_1,\cdots,c_{n-s},d\}$$

是对应概率分布 Q 的最优码，那么可把 d 这个码字扩展编码成长度为 $L=\text{len}(d)+1$ 的 s 个码字：

$$d_0,d_1,\cdots,d_{s-1}$$

得到概率分布 $P=\{p_1,\cdots,p_n\}$ 的编码

$$C=(c_1,\cdots,c_{n-s},d_0,d_1,\cdots,d_{s-1})$$

显然这个编码过程具有前缀性质，因而得到的是即时码。

注意到，对应码 D 的编码方案的长度为

$$\text{AveLen}(D)=\sum_{i=1}^{n-s}p_i\,\text{len}(c_i)+q\,\text{len}(d)$$

而码 C 的长度为

$$\begin{aligned}\text{AveLen}(C)&=\sum_{i=1}^{n-s}p_i\,\text{len}(c_i)+\sum_{i=n-s+1}^{n}p_i[\text{len}(d)+1]\\&=\sum_{i=1}^{n-s}p_i\,\text{len}(c_i)+q[\text{len}(d)+1]\\&=\text{AveLen}(D)+q\end{aligned}$$

于是推得：

$$\begin{aligned}&\text{MinAveLen}(p_1,\cdots,p_n)\\&\leqslant\text{AveLen}(C)\\&=\text{AveLen}(D)+q=\text{MinAveLen}(p_1,\cdots,p_{n-s},q)+q\end{aligned}\tag{2.3.1}$$

为证明霍夫曼编码定理中收缩和扩展编码的有效性，只需再证明式(2.3.1)的反向不等式

$$\text{MinAveLen}(p_1,\cdots,p_n)\geqslant\text{MinAveLen}(p_1,\cdots,p_{n-s},q)+q\tag{2.3.2}$$

成立即可。下面证明式(2.3.2)。

设$C=(c_1,c_2,\cdots,c_n)$是$P=(p_1,p_2,\cdots,p_n)$的最优码，并假定C的最大码字长度是L。如果码C恰好有s个长度为L的码字

$$d_0,d_1,\cdots,d_{s-1} \tag{2.3.3}$$

那么通过收缩运算我们可以为$(p_1,\cdots,p_{n-s},q)$构造编码

$$D=(c_1,\cdots,c_{n-s},d)$$

于是，

$$\begin{aligned}&\text{MinAveLen}(p_1,\cdots,p_{n-s},q)\\ \leqslant&\ \text{AveLen}(D)\\ =&\sum_{i=1}^{n-s}p_i\,\text{len}(c_i)+q[L-1]\\ =&\sum_{i=1}^{n}p_i\,\text{len}(c_i)-q\\ =&\ \text{AveLen}(C)-q\\ =&\ \text{MinAveLen}(p_1,p_2,\cdots,p_n)-q\end{aligned}$$

于是式(2.3.2)成立。因此，只需进一步证明一个最优码$C=(c_1,\cdots,c_n)$中一定存在式(2.3.3)形式的码字。

接下来，我们证明上述结论。

定理 2.3.1 设$P=(p_1,\cdots,p_n)$，并假设$p_1\geqslant p_2\geqslant\cdots\geqslant p_n$，则存在$P$的$r$元最优码$C=(c_1,\cdots,c_n)$，它恰好有$s$个如下形式的码字：

$$d_0,d_1,\cdots,d_{s-1}$$

且其长度为C中最长码字的长度L，其中s由式(2.2.1)给出。

证明 在所有对应概率分布$P=(p_1,\cdots,p_n)$的r元最优码中，选择具有最小码字总长度的码，记为

$$C=(c_1,\cdots,c_n)$$

且设$l_i=\text{len}(c_i)$。

因为C是最优码，所以，

$$\text{AveLen}(C)=\sum_{i=1}^{n}p_i\,\text{len}(c_i)=\text{MinAveLen}(p_1,\cdots,p_n)$$

下面证明，如果C不具有定理中的性质，那么总可以对C做一些调整，使得调整后仍然是最优码，但同时又具有定理中的性质。

因为C是最优码，所以应有性质：

$$p_i\geqslant p_j\Rightarrow\text{len}(c_i)\leqslant\text{len}(c_j)$$

否则，可以通过交换c_i与c_j代表的信源符号，即可得到更优的编码方案。从而与C是最优码矛盾。于是，

$$l_1\leqslant\cdots\leqslant l_n \tag{2.3.4}$$

如果 C 中恰好有 k 个具有最大长度的码字，那么由式(2.3.4)可知：

$$l_{n-k} < l_{n-k+1} = \cdots = l_n = L$$

下面将证明 $k \geqslant s$。考虑表达式：

$$K = \sum_{i=1}^{n} r^{-l_i}$$

由于 C 是即时码，因而由 Kraft 定理可知：

$$K \leqslant 1$$

进一步，如果

$$K - r^{-L} + r^{-(L-1)} \leqslant 1$$

成立，则用一个码字长度为 $L-1$ 的码字取代 C 中的一个长为 L 的码字后，Kraft 不等式将依然成立，从而存在一个码字总长度之和比 C 更小的即时码，这显然与当初假定的 C 是码字总长度之和最小的最优码矛盾。所以，

$$1 + r^{-L} - r^{-(L-1)} < K \leqslant 1$$

上式两边乘以 r^L 得：

$$r^L + 1 - r \leqslant r^L K \leqslant r^L$$

所以，

$$r^L K = r^L - r + \alpha,\ \alpha \in \{2,3,\cdots,r\} \tag{2.3.5}$$

由式(2.3.5)得：

$$r^L K \equiv \alpha \bmod (r-1)$$

又因为

$$r^L K = \sum_{i=1}^{n} r^{L-l_i}$$

且对任意正整数 u，有 $r^u \equiv 1 \bmod (r-1)$，于是，

$$r^L K \equiv n \bmod (r-1)$$

以上结论可进一步推得：

$$\alpha \equiv n \bmod (r-1)$$

又因为

$$2 \leqslant \alpha \leqslant r$$

于是由式(2.2.1)得：$\alpha = s$。所以，

$$r^L K = r^L - r + s$$

上式也可写为

$$r^L K \equiv s \bmod r$$

又因为

$$r^L K = \sum_{i=1}^{n} r^{L-l_i} = \sum_{i=1}^{n-k} r^{L-l_i} + k$$

所以，

$$r^L K \equiv k \bmod r$$

于是，

$$s \equiv k \bmod r$$

因为

$$2 \leqslant s \leqslant r$$

所以要么

$$k \leqslant 0$$

要么

$$k = s$$

要么

$$k > r$$

第一个不等式显然不成立。再次利用 $r \geqslant s$ 这个事实，可得：

$$k \geqslant s$$

于是，可以假定 C 的最后 s 个码字具有最大长度 L。假定 c 就是这些码字之一，并设 $c = d_x$，考虑码字

$$d_0, d_1, \cdots, d_{s-1} \tag{2.3.6}$$

根据得到的关系 $k \geqslant s$，总可假定最后 s 个最长码字是以上的形式。因为如果存在一个不是这种形式的最长码字，总可以用这种形式的一个码字替换它。而换掉以后得到的码还是最优即时码，这样符合定理要求的码就已找到，从而完成了霍夫曼编码定理的全部证明。 □

2.4 信源编码定理

本节介绍信源编码定理，即无噪声编码的主要结果。我们知道，信源 φ 的熵 $H(\varphi)$ 是包含在信源中的信息量，而信源 φ 的即时码保存了信源中的信息。所以有理由相信，这样的码字平均长度至少是熵 $H(\varphi)$，事实上这就是无噪声编码定理的结论。这个定理是由仙农于 1948 年首先证明的，并且通过巧妙的编码，理论上使得平均码字长度可以任意接近信源的熵 $H(\varphi)$。

正如 2.3 节讨论的，无噪声编码定理并不依赖于信源符号，所以我们将假设每个码字都是被直接赋予概率分布中的各个概率。因此，我们把码 $C = (c_1, \cdots, c_n)$ 说成是一个概率分布 $P = (p_1, \cdots, p_n)$ 的码。

对每个 $1 \leqslant i \leqslant n$，仍然假设 $l_i = \operatorname{len}(c_i)$，则概率分布

$$P = (p_1, \cdots, p_n)$$

的编码

$$C=(c_1,\cdots,c_n)$$

的平均码长为

$$\text{AveLen}(c_1,\cdots,c_n)=\sum_{i=1}^{n}p_i l_i$$

而所熟知的 r 元熵是由下式定义的：

$$H(p_1,\cdots,p_n)=\sum_{i=1}^{n}p_i\log_r\frac{1}{p_i}$$

与直观感觉相吻合，下列基本结论成立：

定理 2.4.1　设 $C=(c_1,\cdots,c_n)$ 是概率分布 $P=(p_1,\cdots,p_n)$ 的 r 元即时码，$l_i=\text{len}(c_i)$，$\forall\,1\leqslant i\leqslant n$，则

$$H(p_1,\cdots,p_n)\leqslant \text{AveLen}(c_1,\cdots,c_n)$$

证明　因为 C 是即时码，因而根据 Kraft 定理可得：

$$\sum_{i=1}^{n}\frac{1}{r^{l_i}}\leqslant 1$$

为得到定理结论，我们验证：

$$H(p_1,\cdots,p_n)-\text{AveLen}(c_1,\cdots,c_n)\leqslant 0$$

注意到

$$\begin{aligned}
&H(p_1,\cdots,p_n)-\text{AveLen}(c_1,\cdots,c_n)\\
&=\sum_{i=1}^{n}p_i\log_r\frac{1}{p_i}-\sum_{i=1}^{n}p_i l_i\\
&=\sum_{i=1}^{n}p_i\log_r\frac{1}{p_i}+\sum_{i=1}^{n}p_i\log_r\frac{1}{r^{l_i}}\\
&=\sum_{i=1}^{n}p_i\log_r\frac{1}{p_i r^{l_i}}\\
&\leqslant\log_r\left(\sum_{i=1}^{n}p_i\frac{1}{p_i r^{l_i}}\right)
\end{aligned}$$

（根据对数函数的上凸性，参见第 1 章的练习题 1）

$$\begin{aligned}
&=\log_r\left(\sum_{i=1}^{n}\frac{1}{r^{l_i}}\right)\\
&\leqslant\log_r 1=0
\end{aligned}$$

结论得证。 □

通过定理 2.4.1 的证明可立刻得出以下推论：

推论 2.4.1　定理 2.4.1 中的等式成立，当且仅当

$$p_i=\frac{1}{r^{l_i}} \quad \text{或者} \quad l_i=\log_r\left(\frac{1}{p_i}\right)$$

既然推论 2.4.1 要求

$$l_i=\log_r \frac{1}{p_i}$$

即时码方案的平均码长才会达到下界,即信源的熵,而 $\log_r \frac{1}{p_i}$ 又不一定是整数,因而即时码编码方案一般都达不到熵。所以,霍夫曼编码定理找到的最优即时码是针对给定的信源能够实际做到的最优即时码编码方案,霍夫曼编码能否达到信源的熵与给定的信源密切相关。下面举两个例子。

例 2.4.1 概率分布

$$P=(0.5,0.25,0.25)$$

的二元熵为

$$H_2(0.5,0.25,0.25)=0.5\log_2 2+0.25\log_2 4+0.25\log_2 4=1.5$$

所以,概率分布 P 的任意二元即时码的平均码字长度至少为 1.5,如果用霍夫曼算法可得到霍夫曼码为

$$f(0.5)=0,\ f(0.25)=10,\ f(0.25)=11$$

此时的平均码字长度为

$$0.5+0.25\times 2+0.25\times 2=1.5$$

刚好与熵相等。

例 2.4.2 概率分布

$$P=\left(\frac{2}{3},\frac{1}{6},\frac{1}{6}\right)$$

的二元熵为

$$H_2\left(\frac{2}{3},\frac{1}{6},\frac{1}{6}\right)=\frac{2}{3}\log_2\frac{3}{2}+\frac{1}{6}\log_2 6+\frac{1}{6}\log_2 6\approx 1.251\ 6$$

根据定理 2.4.1,P 的二元即时码的平均码字长度至少是 1.251 6。但是,霍夫曼即时码

$$f\left(\frac{2}{3}\right)=0,\ f\left(\frac{1}{6}\right)=10,\ f\left(\frac{1}{6}\right)=11$$

的平均码字长度是 4/3。所以,对此概率分布 P,霍夫曼码的平均码字长度不能达到与信源的熵一样短。

尽管如此,总可以使得即时码的码长 l_i 满足

$$\log_r \frac{1}{p_i}\leqslant l_i\leqslant \log_r \frac{1}{p_i}+1 \tag{2.4.1}$$

因为

$$\sum_{i=1}^{n} \frac{1}{r^{l_i}} \leqslant \sum_{i=1}^{n} p_i = 1$$

而

$$\log_r \frac{1}{p_i} \leqslant l_i$$

等价于

$$p_i \geqslant \frac{1}{r^{l_i}}$$

因而根据 Kraft 定理即可得到结论。

根据上述选取，有

$$l_i \leqslant \log_r \frac{1}{p_i} + 1$$

所以 $C=(c_1,\cdots,c_n)$的平均码长满足：

$$\begin{aligned}
&\text{AveLen}(C)\\
&= \sum_{i=1}^{n} p_i l_i \leqslant \sum_{i=1}^{n} p_i \left(\log_r \frac{1}{p_i} + 1\right)\\
&= \sum_{i=1}^{n} p_i \log_r \frac{1}{p_i} + \sum_{i=1}^{n} p_i\\
&= H(p_1,\cdots,p_n) + 1
\end{aligned}$$

这意味着可以找到码字平均长度小于 $H(p_1,\cdots,p_n)+1$ 的即时码编码方案。

上述结果与定理 2.4.1 放在一起就得到以下无噪声编码定理。

定理 2.4.2（无噪声编码定理）　对任意概率分布 $P=(p_1,\cdots,p_n)$的 r 元编码，下列结论成立：

$$H(p_1,\cdots,p_n) \leqslant \text{MinAveLen}(p_1,\cdots,p_n) \leqslant H(p_1,\cdots,p_n) + 1$$

本章是信道无噪声情形下的编码，通常称为信源压缩编码，因为此时关注的是如何有效压缩信息，以提高传输效率。仙农的信源压缩定理是重要内容，但对于给定的信源，信源压缩定理给定的是理想的压缩下界，实际中这个下界可能无法达到。对任何信源，霍夫曼定理给出了实际能达到的压缩最小值。为了使信源符号的编码尽可能接近熵，可以采用信源扩充的编码方法。本章参考了文献[3]和文献[12]。

练习题

1. 证明定理 2.1.1。

2. 判定码 $C=\{0,10,1100,1101,1110,1111\}$是否为即时码，是否为唯一可

译码。

3. 证明所用到的表达式

$$\frac{\alpha_1}{r}+\cdots+\frac{\alpha_n}{r_n}\leqslant 1$$

与 Kraft 不等式等价。

4. 设 C 是一个即时码，证明下面的结论等价：

(a) C 是最大即时码，也就是，要保持即时性，不可以增加任意一个码字。

(b) 每个有限的字母串都是某个码字串的前缀。

5. 对于下面给定的概率分布以及不同的码字母基数，分别求出霍夫曼码。

(1) $P=\{0.9, 0.02, 0.02, 0.02, 0.02, 0.02\}$

(a) $r=2$；

(b) $r=3$；

(c) $r=4$。

(2) $P=\{0.1, \cdots, 0.1\}$

(a) $r=2$；

(b) $r=3$；

(c) $r=4$。

(3) $P=\{0.3, 0.1, 0.1, 0.1, 0.1, 0.06, 0.05, 0.05, 0.05, 0.04, 0.03, 0.02\}$

(a) $r=2$；

(b) $r=3$；

(c) $r=4$；

(d) $r=5$。

6. 用数学归纳法证明霍夫曼编码算法。

7. 给出霍夫曼码为(00,01,10,11)和(0,10,110,111)的所有可能的概率分布。

8. 证明对任意 $\varepsilon>0$ 和任意 r 元编码，存在概率分布使得

$$\text{MinAveLen}(p_1,\cdots,p_n)-H(p_1,\cdots,p_n)\geqslant 1-\varepsilon$$

从而证明无噪声编码定理的上限是最好的。

第3章 有噪信道编码

第2章已经讨论了如何在无噪声信道中高效率地完成信源编码。本章将在有噪声的信道中讨论编码方案,这是信息论的核心内容。下面将介绍信息论中被称为仙农第二定理的(有噪)信道编码定理,这是仙农在信息论中的奠基性贡献。信道编码定理关注的是如何同时实现信息的高效和可靠传输。

所谓高效传输是指信道的每次使用尽可能传输更多的信息。信息经过有噪声的信道时往往会丢失或发生改变,可靠传输就是如何保证这些信息精确无误地送到接收端。为使信息可靠传输,部分是通过设计好的方案,基于输出猜测正确的输入。高效和可靠传输不仅仅依赖于信道概率,还依赖于输入概率分布。

通过设计好的方案达到可靠传输的方法就是通过选择合适的编码方案,补偿在给定信道中损失的信息。我们用一个简单的例子说明可靠传输及其与高效传输的关系。假设通过一个二元对称信道传输信息,该信道的信道概率为

$$P(Y=0 \mid X=0)=1-p$$
$$P(Y=1 \mid X=0)=p$$
$$P(Y=0 \mid X=1)=p$$
$$P(Y=1 \mid X=1)=1-p$$

也假设交叉概率为 $p<\frac{1}{2}$.

下面列出了几种传输方案:

方案1:每一个源信号0或1都直接通过信道发送,译码方案是直接把接收到的源信号当成发送端发送的信号。这种情况下,信息的传输完全依赖于信道的可靠性。信道传输正确时,译码也正确。信道传输发生错误时,译码也发生错误。所以,译码错误概率是 p。

方案2:对方案1做些改进。考虑到传输错误概率 $p<\frac{1}{2}$,把发送的源信号,比如:0,重复三次,接收端连续接收到三个源信号,然后把接收到的三个源信号中0和1出现次数多的数字作为发送的源信号。比如:接收到001,就译成0,接收到110,就译成1。假设信道无记忆,即信道每次发送源信号时是独立的,则可以计算这时的译码错误概率。显然,按照方案2,译码错误发生时,当且仅当信道传输时至少发生两

次错误。所以,译码错误概率为

$$\binom{3}{2}p^2(1-p)+\binom{3}{3}p^3=3p^2-2p^3$$

由于 $p<\frac{1}{2}$,所以这个概率小于 p。可以看到,通过把源信号 0 进行编码,即把 0 编码成 000 再发送,可以降低译码错误的概率。用这种方式可以部分补偿信道固有的损耗。

方案 3:是方案 2 的进一步推广。把每个需要传输的源信号,比如:0,发送 $2n+1$ 次,即把 0 编码成 $2n+1$ 长的 0 串,然后发送。接收端根据 0 和 1 哪一个出现的次数多而确定发送端发送的源信号。在这种情况下,译码错误发生的概率就是在通过信道传输时至少发生 $n+1$ 次错误的概率。由于信道中发生错误的次数服从参数为 $2n+1$ 和 p 的二项分布,又因为 $p<\frac{1}{2}$,所以错误发生次数的数学期望为 $(2n+1)p<n+\frac{1}{2}$。而弱大数定律告诉我们,当 n 趋于无穷时,在信道中至少发生 $n+1$ 次错误的概率趋向于 0。也就是说,译码错误发生的概率在 n 趋于无穷大时趋于 0。于是,可以通过选取足够大的 n,使得译码错误发生的概率充分小而达到非常可靠的传输目的。然而,从源信号传输效率的角度看,这个传输方案是非常糟糕的。因为我们花了太多的时间传送一个源信号,每传送一个源信号,就需要占用 $2n+1$ 个单位信道时间来完成。信道使用效率为 $\frac{1}{2n+1}$,对于足够大的 n,这个效率接近 0,这是不可接受的。

这个例子预示了一个事实:在有噪信道中,高效传输和可靠传输是相互冲突的两个方面,增加一方面的需求就需要在另一方面做出让步。那么,最理想的折中方案在哪里?能否找到这两个方面的理论平衡点?这是信息论领域令人非常感兴趣和关心的问题。仙农对这一问题进行了深入研究,给出了信道容量的概念,并提出了著名的(有噪)信道编码定理。信道编码定理指出,信道容量恰恰就是高效传输和可靠传输的理论平衡点。本书中用符号 $\mathcal{C}$ 表示信道容量。信道容量 $\mathcal{C}$ 是指通过信道传送出的字符中平均每个字符载有的关于源信号的最大信息量,它不仅与信道概率的分布有关,也与输入字符的概率分布有关。对一个固定信道,当输入字符的概率分布发生改变时,平均每个输出字符载有的源信号的信息量也会变化。当输入字符的概率分布取为某个特定分布时,可以使平均每个输出字符载有的信息量最大,这个最大值就是所用信道的信道容量。信道编码定理告诉我们,当我们以设定的编码方案传输信息时,如果编码方案的码率严格小于信道容量,即平均每个输出字符载有的信息量没有达到最大值,而是留下一定的冗余编码空间,则可使得信道噪声造成的信息丢失足够小,从而实现可靠传输。信道编码定理的逆定理又告诉我们,一旦任何编码方案的码率严格大于信道容量，则无论怎么译码，在渐进意义下，都会使得译码错误概率逐渐接近 1，从而无法实现可靠传输。这样就全面回答了前述信息论中令人感兴趣和关心的问题，并在理论上确定了有噪信道的信道容量即为高效传输和可靠传输的平衡点。后面几节，我们将给出一些概念的准备，之后再叙述仙农的这些著名成果。

3.1　离散无记忆信道和条件熵

为简单起见，本章叙述的信道编码定理以离散无记忆信道为基础，证明方式采用了易于理解的参考文献[12]的方法，其他形式信道的信道编码定理及其相关的证明相对复杂一些，但证明思想相似，都依赖于随机编码的方法，读者可参阅其他信息论书籍了解信道编码定理的不同版本。

3.1.1　离散无记忆信道

定义 3.1.1　一个离散无记忆信道由输入字母表 $\mathcal{S}=\{x_1,\cdots,x_s\}$ 和输出字母表 $\mathcal{Q}=\{y_1,\cdots,y_t\}$ 以及一系列信道概率 $p(y_j|x_i)$ 组成，其中信道概率满足条件：对任意 $1\leqslant i\leqslant s$，有

$$\sum_{j=1}^{t}p(y_j\mid x_i)=1$$

进一步，如果 $(c_1,\cdots,c_n)$ 和 $(d_1,\cdots,d_n)$ 分别是字母表 $\mathcal{S}$ 和字母表 $\mathcal{Q}$ 上的长度为 n 的码字，那么通过信道发送 $c=(c_1,\cdots,c_n)$ 时，接收到 $d=(d_1,\cdots,d_n)$ 的概率为

$$p(d\mid c)=\prod_{i=1}^{n}p(d_i\mid c_i)$$

直观的，可以把 $p(y_j|x_i)$ 当成通过该信道发送 x_i 时，接收到 y_j 的概率。上述定义中，离散的意思是指输入输出字母表都是有限的，而无记忆的意思是指输出字符 d_i 被接收到的概率只依赖于当前的输入 c_i，而与前面的输入无关。还要注意离散无记忆信道定义中的时间位置的独立性，也就是通过信道传输一个字符发生错误的概率与发送的时间以及该字符在码字中的位置无关。

因为信道的输入本质上具有概率的特性，所以可以把信道的输入当成随机变量 X 的值，并且其输入概率分布由下式定义：

$$P(X=x_i)=p(x_i)$$

每个输入 X 会引发一个输出 Y，输出概率分布由输入分布和信道概率所确定，即

$$P(Y=y_j)=\sum_{i=1}^{s}p(y_j\mid x_i)p(x_i)$$

联合分布律由下式给出：

$$P(X=x_i, Y=y_j)=p(y_j \mid x_i)p(x_i)$$

信道逆向概率定义为

$$P(X=x_i \mid Y=y_j)=\frac{P(X=x_i, Y=y_j)}{P(Y=y_j)}$$

为方便起见，将使用下面的记号：

$$p(x_i)=P(X=x_i)$$
$$p(y_j)=P(Y=y_j)$$
$$p(x_i, y_j)=P(X=x_i, Y=y_j)$$
$$p(x_i \mid y_j)=P(X=x_i \mid Y=y_j)$$
$$p(y_j \mid x_i)=P(Y=y_j \mid X=x_i)$$

例 3.1.1 一个重要的离散无记忆信道是前文用过的二元对称信道，其输入输出字母表为{0,1}。信道概率为

$$P(0 \mid 1)=P(1 \mid 0)=p$$
$$P(0 \mid 0)=P(1 \mid 1)=1-p$$

也就是说，交叉概率(每个比特传输的错误概率)为 p。

例 3.1.2 二元擦除信道的信道概率为

$$P(1 \mid 1)=r,\ P(? \mid 1)=s,\ P(0 \mid 1)=1-r-s$$
$$P(0 \mid 0)=p,\ P(? \mid 0)=q,\ P(1 \mid 0)=1-p-q$$

这里的“?”可以解释为输入丢失或者擦除。

3.1.2 条件熵

通信的目的就是消除不确定性，接收者收到信道输出 Y 后，对输入 X 还存在多少不确定性是衡量精确通信的重要指标。因而，下列定义极具意义。

定义 3.1.2 如果 X,Y 是随机变量，给定 $Y=y_j$ 时，X 的条件熵定义为

$$H(X \mid Y=y_j)=\sum_{i=1}^{s} p(x_i \mid y_j)\log\frac{1}{p(x_i \mid y_j)}$$

也就是说，$H(X|Y=y_j)$是用条件概率分布 $P(\cdot|Y=y_j)$计算出来的 X 的熵。当给定 Y 时，X 的条件熵 $H(X|Y)$定义为 Y 的一个固定取值时得到的那些条件熵的平均值，即：

$$\begin{aligned} H(X \mid Y) &= \sum_{j=1}^{t} H(X \mid Y=y_j)p(y_j) \\ &= \sum_{i=1}^{s}\sum_{j=1}^{t} p(x_i \mid y_j)p(y_j)\log\frac{1}{p(x_i \mid y_j)} \end{aligned}$$

式中，$H(X|Y)$反映了收到 Y 后仍然存在的对 X 的不确定性。换句话说，就是没能通过信道传输给 Y 的信息量，是传输过程中丢失的信息量。所以，从直观意义上看，应该有 $H(X|Y)\leqslant H(X)$。我们确实可以严格证明这一点。

定理 3.1.1　设 X 和 Y 是两个随机变量，则 $H(X|Y)\leqslant H(X)$，当且仅当 X 和 Y 独立时等号成立。

证明　由熵和条件熵的定义可得：

$$
\begin{aligned}
& H(X \mid Y)-H(X)\\
&=\sum_j H(X \mid Y=y_j)p(y_j)-\sum_i p(x_i)\log\frac{1}{p(x_i)}\\
&=\sum_{ij} p(x_i \mid y_j)p(y_j)\log\frac{1}{p(x_i \mid y_j)}-\sum_i p(x_i)\log\frac{1}{p(x_i)}\\
&=\sum_{ij} p(x_i,y_j)\log\frac{1}{p(x_i \mid y_j)}-\sum_{ij} p(x_i,y_j)\log\frac{1}{p(x_i)}\\
&=\sum_{ij} p(x_i,y_j)\log\frac{p(x_i)}{p(x_i \mid y_i)}\\
&=\sum_{ij} p(x_i,y_j)\log\frac{p(x_i)p(y_j)}{p(x_i \mid y_j)p(y_j)}\\
&=\sum_{ij} p(x_i,y_j)\log\frac{p(x_i)p(y_j)}{p(x_i,y_j)}\\
&\leqslant \log\left[\sum_{ij} p(x_i,y_j)\frac{p(x_i)p(y_j)}{p(x_i,y_j)}\right] \quad \text{（源于对数函数的上凸性质）}\\
&=\log\left[\sum_{ij} p(x_i)p(y_j)\right]\\
&=\log\left[\sum_i p(x_i)\sum_j p(y_j)\right]\\
&=\log 1=0
\end{aligned}
$$

由上述推导得知：等号成立，当且仅当 $p(x_i,y_j)=p(x_i)p(y_j)$ 对于任意 i 和 j 成立，即 X,Y 独立。所以，

$$H(X \mid Y)\leqslant H(X)$$

且等号成立时，当且仅当 X 和 Y 独立。 □

$H(X)-H(X|Y)$是信道能够传递的信息量，记为

$$I(X;Y):=H(X)-H(X \mid Y)$$

理想的无噪声信道由于没有信息的损失，即 $H(X|Y)=0$，从而能够完全把 X 的信息量 $H(X)$传递给 Y，或者说 $I(X;Y)=H(X)$。另一个极端情况就是传递过程中信息量全部损失，即接收方没有得到任何 X 的信息，通信没有任何结果。这时，对应着 $H(X|Y)=H(X)$，或者 $I(X;Y)=0$，也等同于 X,Y 是独立的随机变量。

利用定理3.1.1的证明过程可平行地得到：

$$H(Y \mid X) \leqslant H(Y)$$

且

$$I(Y;X)=H(Y)-H(Y \mid X)=H(X)-H(X \mid Y)=I(X;Y)$$

于是，下列定义合理。

定义3.1.3 称

$$I(X;Y)=H(X)-H(X \mid Y)=H(Y)-H(Y \mid X)=I(Y;X)$$

为 X,Y 的互信息。

互信息 $I(X;Y)$ 体现了 X,Y 的对称性。这种互相性也能在下列定理中看出。

定理3.1.2 互信息可描述为

$$I(X;Y)=H(X)+H(Y)-H(X,Y)$$

证明 利用定理3.1.1的证明过程可以得到：

$$\begin{aligned} I(X;Y) &= H(X)-H(X \mid Y) \\ &= \sum_{ij} p(x_i,y_j)\log \frac{p(x_i,y_j)}{p(x_i)p(y_j)} \end{aligned}$$

上式进一步可改写成：

$$\begin{aligned} I(X;Y) &= \sum_{ij} p(x_i,y_j)\log \frac{p(x_i,y_j)}{p(x_i)p(y_j)} \\ &= \sum_{ij} p(x_i,y_j)\log \frac{1}{p(x_i)} + \sum_{ij} p(x_i,y_j)\log \frac{1}{p(y_j)} + \\ &\quad \sum_{ij} p(x_i,y_j)\log p(x_i,y_j) \\ &= \sum_{i} p(x_i)\log \frac{1}{p(x_i)} + \sum_{j} p(y_j)\log \frac{1}{p(y_j)} - \\ &\quad \sum_{ij} p(x_i,y_j)\log \frac{1}{p(x_i,y_j)} \\ &= H(X)+H(Y)-H(X,Y) \end{aligned}$$

□

由定理3.1.2及 $I(X;Y)=I(Y;X)$ 可得下列结论：

定理3.1.3 设 X、Y 是两个随机变量，那么

$$H(X \mid Y)+H(Y)=H(X,Y)=H(Y \mid X)+H(X)$$

$$H(X,Y) \leqslant H(X)+H(Y)$$

以上关于互信息和熵的结论提示，可以用集合表示它们之间的关系，即如果用一个集合表示 $H(X)$，用另一个集合表示 $H(Y)$，则 $H(X,Y)$ 即为 $H(X)$ 和 $H(Y)$ 这两个集合的并集，而 $I(X;Y)$ 即为集合 $H(X)$ 和集合 $H(Y)$ 的交集。需要指出，虽然 $H(X|Y) \leqslant H(X)$，但并不意味着对任何 $Y=y_j$，都有 $H(X|Y=y_j) \leqslant H(X)$，对于 Y 的个别取值 y_j，$H(X|Y=y_j)>H(X)$ 是正常的，因为 $H(X|Y) \leqslant H(X)$ 反映的

只是平均意义上的不等式关系。这种情况从下面的例子中得到体现。

例 3.1.3　考虑一个二元擦除信道：

$$P(Y=0\mid X=0)=\frac{1}{2},\ P(Y=?\mid X=0)=\frac{1}{2},\ P(Y=1\mid X=0)=0$$

$$P(Y=0\mid X=1)=0,\ P(Y=?\mid X=1)=\frac{1}{3},\ P(Y=1\mid X=1)=\frac{2}{3}$$

$$P(X=0)=\frac{1}{4},\ P(X=1)=\frac{3}{4}$$

这时，输出 Y 的概率分布可计算如下：

$$\begin{aligned}P(Y=0)&=P(Y-0\mid X-0)P(X=0)+P(Y=0\mid X=1)P(X=1)\\&=\frac{1}{2}\times\frac{1}{4}+0\times\frac{3}{4}=\frac{1}{8}\end{aligned}$$

类似的，可以计算其他的概率为

$$P(Y=0)=\frac{1}{8},\ P(Y=?\ )=\frac{3}{8},\ P(Y=1)=\frac{1}{2}$$

联合分布计算如下：

$$P(Y=0,X=0)=P(Y=0\mid X=0)P(X=0)=\frac{1}{2}\times\frac{1}{4}=\frac{1}{8}$$

类似的，可以计算其他的概率，得到联合分布为

$$P(X=0,Y=0)=\frac{1}{8},\ P(X=0,Y=?\ )=\frac{1}{8},\ P(X=0,Y=1)=0$$

$$P(X=1,Y=0)=0,\ P(X=1,Y=?\ )=\frac{1}{4},\ P(Y=1,X=1)=\frac{1}{2}$$

利用以上结果，可以得到给定 Y 时，X 的条件概率分布，如：

$$P(X=0\mid Y=0)=\frac{P(X=0,Y=0)}{P(Y=0)}=\frac{1}{8}\Big/\frac{1}{8}=1$$

实际上，$P(X=0|Y=0)=1$ 可以从已知的信道概率中很容易观察到。类似的计算可得到下列数值：

$$P(X=0\mid Y=0)=1,\ P(X=0\mid Y=?\ )=\frac{1}{3},\ P(X=0\mid Y=1)=0$$

$$P(X=1\mid Y=0)=0,\ P(X=1\mid Y=?\ )=\frac{2}{3},\ P(Y=1\mid X=1)=1$$

于是，可计算 X，Y 及相应的条件熵（熵的单位为比特）。

$$H(X)\approx 0.811$$

$$\begin{aligned}H(Y)=&P(Y=0)\log\frac{1}{P(Y=0)}+P(Y=?\ )\log\frac{1}{P(Y=?\ )}+\\&P(Y=1)\log\frac{1}{P(Y=1)}\approx 1.406\end{aligned}$$

$$H(X \mid Y=0)=P(X=0 \mid Y=0)\log\frac{1}{P(X=0 \mid Y=0)}+$$
$$P(X=1 \mid Y=0)\log\frac{1}{P(X=1 \mid Y=0)}=0$$

Y 取其他值时的条件熵为

$$H(X \mid Y=?) \approx 0.918,\ H(X \mid Y=1)=0$$

于是，

$$H(X \mid Y)=H(X \mid Y=0)P(Y=0)+H(X \mid Y=?)P(Y=?)+$$
$$H(X \mid Y=1)P(Y=1) \approx 0.344$$

从此例中可以看到，当 $Y=?$ 后，$H(X|Y=?)>H(X)$；但是，不等式关系 $H(X) \geqslant H(X|Y)$ 总成立。

条件熵可类似地推广到随机向量。设 $X=(X_1,\cdots,X_n)$，$Y=(Y_1,\cdots,Y_m)$ 是两个随机向量，当 $(Y_1=y_1,\cdots,Y_m=y_m)$ 给定时，或写成 $Y=y=(y_1,\cdots,y_m)$ 时，$X=(X_1,\cdots,X_n)$ 的条件熵定义为

$$H(X_1,\cdots,X_n \mid Y_1=y_1,\cdots,Y_m=y_m)$$
$$=\sum_{x_1,\cdots,x_n} p(x_1,\cdots,x_n \mid y_1,\cdots,y_m)\log\frac{1}{p(x_1,\cdots,x_n \mid y_1,\cdots,y_m)}$$

或者写成

$$H(X \mid Y=y)=\sum_x p(x \mid y)\log\frac{1}{p(x \mid y)}$$

其中 $x=(x_1,\cdots,x_n)$。于是，给定 Y，X 的条件熵定义为

$$H(X \mid Y)=\sum_y H(X \mid Y=y)p(y)=\sum_{x,y} p(x,y)\log\frac{1}{p(x \mid y)}$$

3.1.3 一些特殊的信道

信道是一个概率模型，它的基本特性由信道概率描述。信道概率可自然构成一个矩阵，称为信道矩阵。信道矩阵的每一行对应一个输入符号的概率，而每一列对应一个输出符号的概率。信息论中一些基本信道定义如下：

定义 3.1.4 如果一个信道的输入 X 可由输出 Y 完全确定，那么它就是无损耗信道。这类信道可由以下等价条件描述：

(a) 存在非空不相交的输出字母表的子集 $B_1,\cdots,B_s$，它们具有性质 $P(Y\in B_j \mid X=x_j)=1$。

(b) 对任意输入分布，只要 $p(y_j)\neq 0$，就一定存在 x_i，使得 $P(x_i \mid y_j)=1$。

(c) 对任意输入分布，$H(X|Y)=0$。

如果一个信道的输出 Y 可由输入 X 完全确定，那么它称为确定性信道。确定性

信道可由以下等价条件描述：

(a) 对任意 x_i，存在 y_j，使得 $P(y_j|x_i)=1$。

(b) 对任意输入分布，$H(Y|X)=0$。

如果从 Y 中得不到 X 的任何信息，这个信道就称为无用信道，即不能传递任何信息的信道。无用信道可用以下等价条件描述：

(a) 信道矩阵的每行都相同。

(b) 对任意输入分布，都有 $H(X|Y)=H(X)$。

(c) 随机变量 X 与 Y 是独立的。

如果一个信道的信道矩阵的每一行都由相同的数组成，且每个数出现的频率都是一样的，则称这个信道为行对称的。如果一个信道的信道矩阵的每一列都由相同的数组成，且每个数出现的频率都是一样的，则称这个信道为列对称的。如果一个信道既是行对称的又是列对称的，则称这个信道为对称的。

3.2　信道容量

信道容量是信息论中的关键性概念，是信道编码定理中高效传输和可靠传输的理论平衡点。即将给出的信道容量的定义的合理性基于互信息是输入概率分布的连续函数(参见本章习题 6)和下列定理。

定理 3.2.1　互信息 $I(X;Y)$是输入概率分布 $p(x)$的上凸函数。

证明　基于定理 3.1.2 中的计算，得到：

$$\begin{aligned}I(X;Y)&=H(X)-H(X\mid Y)\\&=\sum_{ij}p(x_i,y_j)\log\frac{p(x_i,y_j)}{p(x_i)p(y_j)}\\&=\sum_{ij}p(x_i)p(y_j\mid x_i)\log\frac{p(x_i)p(y_j\mid x_i)}{p(x_i)p(y_j)}\\&=\sum_{ij}p(x_i)p(y_j\mid x_i)\log\frac{p(y_j\mid x_i)}{p(y_j)}\end{aligned}$$

设对应输入分布 $p_1(x)$的互信息是 $I_1(X;Y)$，Y 的分布是 $p_1(y)$；对应输入分布 $p_2(x)$的互信息是 $I_2(X;Y)$，Y 的分布是 $p_2(y)$；对任意的 $0\leqslant\lambda\leqslant1$，设对应分布 $q(x):=\lambda p_1(x)+(1-\lambda)p_2(x)$的互信息是 $I(X;Y)$，Y 的分布是 $q(y)$。于是，

$$\begin{aligned}&\lambda I_1(X;Y)+(1-\lambda)I_2(X;Y)-I(X;Y)\\&=\lambda\sum_{ij}p_1(x_i)p(y_j\mid x_i)\log\frac{p(y_j\mid x_i)}{p_1(y_j)}+\\&\quad(1-\lambda)\sum_{ij}p_2(x_i)p(y_j\mid x_i)\log\frac{p(y_j\mid x_i)}{p_2(y_j)}-\end{aligned}$$

$$
\begin{aligned}
&\sum_{ij} q(x_i)p(y_j \mid x_i)\log\frac{p(y_j \mid x_i)}{q(y_j)} \\
&=\lambda\sum_{ij} p_1(x_i)p(y_j \mid x_i)\log\frac{p(y_j \mid x_i)}{p_1(y_j)}+ \\
&\quad(1-\lambda)\sum_{ij} p_2(x_i)p(y_j \mid x_i)\log\frac{p(y_j \mid x_i)}{p_2(y_j)}- \\
&\quad\sum_{ij}[\lambda p_1(x_i)+(1-\lambda)p_2(x_i)]p(y_j \mid x_i)\log\frac{p(y_j \mid x_i)}{q(y_j)} \\
&=\lambda\sum_{ij} p_1(x_i)p(y_j \mid x_i)\log\frac{q(y_j)}{p_1(y_j)}+ \\
&\quad(1-\lambda)\sum_{ij} p_2(x_i)p(y_j \mid x_i)\log\frac{q(y_j)}{p_2(y_j)} \\
&\leqslant\lambda\log\left[\sum_{ij} p_1(x_i)p(y_j \mid x_i)\frac{q(y_j)}{p_1(y_j)}\right]+ \\
&\quad(1-\lambda)\log\left[\sum_{ij} p_2(x_i)p(y_j \mid x_i)\frac{q(y_j)}{p_2(y_j)}\right]
\end{aligned}
$$

（不等式源于对数函数的上凸性质）

$$
\begin{aligned}
&=\lambda\log\left[\sum_{j} p_1(y_j)\frac{q(y_j)}{p_1(y_j)}\right]+ \\
&\quad(1-\lambda)\log\left[\sum_{j} p_2(y_j)\frac{q(y_j)}{p_2(y_j)}\right] \\
&=\lambda\log\left[\sum_{j} q(y_j)\right]+(1-\lambda)\log\left[\sum_{j} q(y_j)\right] \\
&=\lambda\log 1+(1-\lambda)\log 1 \\
&=0
\end{aligned}
$$

定理由此得证。 □

定义 3.2.1 信道容量是指在取遍 X 的不同分布 $p(x_i)$ 时，互信息 $I(X;Y)$ 的最大值，即

$$\mathcal{C}=\max_{p(x_i)} I(X;Y)$$

一般地说，确定一个信道的容量 $\mathcal{C}$ 是一个非常困难的问题，但对于我们之前列出的一些特殊信道，计算信道容量是可能的。作为例子，我们计算对称信道的信道容量。

定理 3.2.2 对称信道的信道容量为

$$\mathcal{C}=\log t-\sum_{j=1}^{t} p(y_j \mid x_i)\log\frac{1}{p(y_j \mid x_i)}$$

对于任意的 $i=1,\cdots,s$ 成立；而且信道容量可在等概率输入，即 $p(x_i)=\frac{1}{s}$ 时达到。

证明 由定义知：

$$H(Y \mid X)=\sum_i p(x_i)\left[\sum_j p(y_j \mid x_i)\log\frac{1}{p(y_j \mid x_i)}\right]$$

利用信道的对称性，上式可改写成

$$\begin{aligned}H(Y \mid X)&=\left[\sum_j p(y_j \mid x_i)\log\frac{1}{p(y_j \mid x_i)}\right]\left[\sum_i p(x_i)\right]\\&=\sum_j p(y_j \mid x_i)\log\frac{1}{p(y_j \mid x_i)}\end{aligned} \tag{3.2.1}$$

上式表明 $H(Y|X)$不依赖于输入 X 的分布，由此得到：

$$\begin{aligned}\mathscr{C}&=\max_{p(x_i)} I(Y,X)\\&=\max_{p(x_i)}[H(Y)-H(Y \mid X)]\\&=[\max_{p(x_i)} H(Y)]-H(Y \mid X)\end{aligned}$$

由于 $H(Y)$在 Y 为等概率分布时达到最大值 $\log t$，而当 X 的分布为等概率分布 $p(x_i)=1/s$ 时，因为信道为对称信道，所以推得 Y 一定也是等概率分布。这样只需把 X 取成等概率分布，即可得到信道容量 $\mathscr{C}$。于是根据式(3.2.1)得：

$$\mathscr{C}=\log t-\sum_{j=1}^{t} p(y_j \mid x_i)\log\frac{1}{p(y_j \mid x_i)}$$ □

推论 3.2.1 交叉概率为 p 的二元对称信道的信道容量为

$$\mathscr{C}=1-p\log\frac{1}{p}-(1-p)\log\frac{1}{1-p}=1-H(p)$$

其中 $H(p)$为熵函数。

3.3 译码错误概率

仍然假设离散无记忆信道的输入和输出字母表分别为

$$\mathscr{S}=\{x_1\cdots x_s\},\quad \mathscr{Q}=\{y_1\cdots y_t\}$$

信道概率为

$$p(y_j \mid x_i)$$

设输入信道的是码 C 中的 m 个码字 $c=c_1c_2\cdots c_n$，其中每个码字的字符来源于字母表 $\mathscr{S}$。输出的是 $\mathscr{Q}$ 上长度相同的字符串 $d=d_1d_2\cdots d_n$。

由于是无记忆信道，所以对任意码字 c，有

$$p(d \mid c)=\prod_{i=1}^{n} p(d_i \mid c_i)$$

我们把码字的输入看成是随机向量 X 的取值，其分布为

$$P(X=c)=p(c)$$

X 的每个输入诱导出 Y 的一个输出，输出概率分布为

$$P(Y=d)=\sum_{c} p(d \mid c)P(X=c)=\sum_{c} p(d \mid c)p(c)$$

X 和 Y 的联合分布为

$$P(X=c,Y=d)=p(d \mid c)P(X=c)=p(d \mid c)p(c)$$

逆向信道概率为

$$P(X=c \mid Y=d)=\frac{P(X=c,Y=d)}{P(Y=d)}$$

下文中讨论译码方案及译码错误概率时，上述记号简写为

$$p(c)=P(X=c)$$
$$p(d)=P(Y=d)$$
$$p(c,d)=P(X=c,Y=d)$$
$$p(c \mid d)=P(X=c \mid Y=d)$$
$$p(d \mid c)=P(Y=d \mid X=c)$$

定义 3.3.1 译码方案 f 是一个从部分输出字符串到码字集合的函数关系，即收到字符串 d 后，译码方案确定 $f(d)$ 就是发送的码字。如果 $f(d)$ 不是发送的码字，就称发生了译码错误。令

$$B_c=f^{-1}(c)=\{d \mid f(d)=c\}$$

为所有译为码字 c 的输出字符串集合，则译码方案 f 也可看成是由互不相交的输出字符串集合 $\{B_c\}$ 构成的集族。

对于一个译码方案 f，如果输入码字为 c，则译码错误发生的概率由下式给出：

$$P(\text{错误} \mid c)=\sum_{d \notin f^{-1}(c)} p(d \mid c)$$

所以，译码方案 f 发生的译码错误概率为

$$p_{\mathrm{e}}=\sum_{c} P(\text{错误} \mid c)p(c)=\sum_{c}\sum_{d \notin f^{-1}(c)} p(d \mid c)p(c) \tag{3.3.1}$$

这个译码错误概率显然与译码方案以及输入分布相关。

如果以输出估计译码错误概率，则可以帮助我们确定更好的译码方案以减少译码错误。所以，现在以输出来计算译码错误概率。如果输出是 d，那么译码正确当且仅当 $f(d)$ 恰好就是输入的码字。于是，

$$P(\text{错误} \mid d)=1-p[f(d) \mid d]$$

对所有输出求平均值得到译码错误概率为

$$p_e = \sum_d P(\text{错误} \mid d)p(d) = 1 - \sum_d p[f(d) \mid d]p(d)$$

由于 $p(d)$ 不依赖于译码方案，所以，对于每个 d，可以选择 $f(d)$ 使得 $p[f(d)|d]$ 尽可能大，以使上面的译码错误概率尽可能小。

定义 3.3.2　给定输入分布，对任意输出串 d，译码方案 f 如果满足

$$p[f(d) \mid d] = \max_c p(c \mid d)$$

则称为理想译码方案。

定理 3.3.1　对任意给定输入分布，一个理想译码方案的译码错误概率 p_e 是所有译码方案中最小的。

理想译码方案虽然有优点，但也有缺点。它的主要缺点是依赖于输入分布，输入分布改变了，那么理想译码方案也跟着改变。克服这个缺点的一个方法是采用最大译码错误概率。最大译码错误概率定义为

$$p_e^{\max} = \max_c P(\text{错误} \mid c)$$

可以观察到这个概率仅仅依赖于译码方案和信道本身，而不依赖于输入分布。但这里的困难在于没有统一的方法找到使 $p_e^{\max}$ 最小的译码方案。所以，利用最大译码错误概率是一个不可行的方案。

另一种摆脱对输入分布依赖的方法是考虑均匀输入分布 $p(c) = \frac{1}{m}$，这里 m 是输入码字的个数。根据式(3.3.1)，此时的译码错误概率为

$$p_e^{\text{av}} = \frac{1}{m} \sum_c P(\text{错误} \mid c)$$

由于在均匀输入分布下，有下列关系：

$$\begin{aligned} p(c \mid d) &= \frac{p(d \mid c)p(c)}{p(d)} \\ &= \frac{1}{mp(d)} p(d \mid c) \end{aligned}$$

所以，

$$\max_c p(c \mid d) = \max_c \frac{1}{mp(d)} p(d \mid c) = \frac{1}{mp(d)} \max_c p(d \mid c)$$

因而对于均匀输入分布，逆向信道概率 $p(c|d)$ 取值最大和正向信道概率 $p(d|c)$ 取值最大是等价的。

定义 3.3.3　译码方案 f 如果对任意输出串 d 满足

$$p[d \mid f(d)] = \max_c p(d \mid c)$$

则称其为极大似然译码方案。

以上结论可总结如下：

定理 3.3.2　对于均匀输入分布，一个理想译码方案与极大似然译码方案等同。

极大似然译码方案的优点是容易实施。实际上,之后的信道编码定理的证明就采用了均匀输入,并以极大似然译码方案译码。这样做的缺点是不容易降低译码错误概率。然而,我们将看到在渐进意义下,均匀输入分布的采用不会影响信道编码定理的结论。

3.4 信道编码定理及逆定理

在叙述(有噪)信道编码定理及逆定理之前,我们给出码率的概念。假定源信息的形式是长度为 k 的字母串,每个字母来自含 s 个元素的集合 φ。以码 C 传递这些 s^k 源信息,C 中由 φ 上长度为 n 的码字组成,即每个源信息都编码成一个码字,每个长度为 k 的源信息的传输需要使用信道 n 次完成。n 也称为码 C 的长度。以 $|C|$ 表示码 C 中的码字数,则 $|C|=s^k$。码 C 可以被简写成 $(n,|C|)$ 码。既然信道为了传输 k 个信源符号,需要被使用 n 次,信道传输效率即为平均每次传输 $\frac{k}{n}=\frac{\log_s|C|}{n}$ 个信源符号。

定义 3.4.1 称

$$R=\frac{\log_s|C|}{n}$$

为 C 的码率。

3.4.1 信道编码定理的逆定理的弱形式

(有噪)信道编码定理的逆定理有两种形式:弱形式和强形式。需要注意的是,弱形式和强形式并不是结论的强弱,而只是为了区分两种不同的表达方式。弱形式表达的是一种非渐进结果,以非极限形式表述;而强形式表达的是另一种渐进结果,以极限形式表述。本小节的目的是给出信道编码定理的逆定理的弱形式。

我们的方法是先给出一个重要结论,这个结论的目的是把在信道中丢失的信息 $H(X|Y)$ 与译码错误概率联系起来,称为法诺(Fano)不等式。之后,我们将利用该不等式证明信道编码定理的逆定理的弱形式。

考虑一个离散无记忆信道,一个长度为 n 的码 $C=\{c_1,\cdots,c_m\}$ 及对应的译码方案 f。设输入随机向量为 X,输出为 Y,设输入分布为

$$P(X=c)=p(c)$$

则

$$P(Y=d)=p(d)=\sum_c p(d\mid c)p(c)$$

给定输出 $Y=d$ 时，定义 X 的条件分布为

$$p'(c)=p(c\mid d)=P(X=c\mid Y=d)$$

不妨假设 $f(d)=c_1$，则

$$p'_e=P(\text{错误}\mid d)=1-p(c_1\mid d)=1-p'(c_1)$$

利用第 1 章中的习题 2(熵函数的分组性质)，把概率分布 $p_1=p'(c_1),p_2=p'(c_2),\cdots,p_m=p'(c_m)$中的 $p_1=p'(c_1)$看成一组，其余概率 $p_2=p'(c_2),\cdots,p_m=p'(c_m)$看成另外一组，则可得到下列关系：

$$\begin{aligned}H(X\mid Y=d)&=H(p_1,\cdots,p_m)\\&=H(p_1,1-p_1)+p_1H\left(\frac{p_1}{p_1}\right)+\\&\quad(1-p)H\left(\frac{p_2}{1-p_1},\cdots,\frac{p_m}{1-p_1}\right)\\&=H(p_1,1-p_1)+(1-p_1)H\left(\frac{p_2}{1-p_1},\cdots,\frac{p_m}{1-p_1}\right)\\&=H(p'_e)+p'_eH\left[\frac{p'(c_2)}{1-p'(c_1)},\cdots,\frac{p'(c_m)}{1-p'(c_1)}\right]\\&\leqslant H(p'_e)+p'_e\log(m-1)\end{aligned}\tag{3.4.1}$$

上式中的最后一个不等式源于$\dfrac{p'(c_2)}{1-p'(c_1)},\cdots,\dfrac{p'(c_m)}{1-p'(c_1)}$是 $m-1$ 个数构成的概率分布。利用式(3.4.1)可得：

$$\begin{aligned}H(X\mid Y)&=\sum_d p(d)H(X\mid Y=d)\\&\leqslant\sum_d p(d)[H(p'_e)+p'_e\log(m-1)]\\&=\sum_d p(d)H(p'_e)+\log(m-1)\sum_d p(d)p'_e\\&\leqslant H\left(\sum_d p(d)p'_e\right)+\log(m-1)\sum_d p(d)p'_e\end{aligned}$$

上式中的最后一步源于熵函数 $H(p'_e)$是上凸函数(参见第 1 章例 1.2.1)。注意到

$$\begin{aligned}\sum_d p(d)p'_e&=\sum_d p(d)P(\text{错误}\mid d)=\sum_d p(d)\{1-p[f(d)\mid d]\}\\&=\sum_d p(d)-\sum_d p(d)p[f(d)\mid d]\\&=1-\sum_d p(d)p[f(d)\mid d]\\&=p_e\quad(\text{即译码方案 } f \text{ 的译码错误概率})\end{aligned}$$

于是，可得到著名的法诺不等式：

定理 3.4.1(法诺不等式) 对任意满足$|C|=m$ 的码 C 及任意输入分布，如果

设其译码方案为 f，以 p_e 表示 f 的译码错误概率，X 和 Y 分别表示输入和输出随机向量，则总有

$$H(X \mid Y) \leqslant H(p_e) + p_e \log(m-1)$$

法诺不等式直观地给出了条件熵 $H(X|Y)$ 与译码错误概率 p_e 的关系，译码错误概率越大，条件熵的上界也越大，当译码错误概率 $p_e=0$ 时，$H(X|Y)=0$，即译码完全正确，没有丢失的信息，这是与事实恰好吻合的。

(有噪)信道编码定理的逆定理的弱形式陈述了下列事实：任意一个码序列，不管采用什么译码方案，只要其码率超过信道容量，那么其平均译码错误概率就一定大于某个正数。我们用法诺不等式可以证明这样一个重要结果。

定理 3.4.2(信道编码定理的逆定理的弱形式)　考虑一个容量为 $\mathcal{C}$ 的离散无记忆信道，若 C 为一列 $(n,\lceil s^{nR}\rceil)$ 码，对应的译码方案为 f_n，其平均译码错误概率为 $p_e^{av}(n)$。那么如果码率 R 满足 $R>\mathcal{C}$，则存在常数 $\delta>0$，使得对任意的 n 都有

$$p_e^{av}(n) \geqslant \delta$$

证明　令 $m=\lceil s^{nR}\rceil$，$X=(X_1,\cdots,X_n)$ 和 $Y=(Y_1,\cdots,Y_n)$ 分别为输入和输出随机向量。这里 X_i 为信道的第 i 个输入，Y_i 为信道的第 i 个输出。对等可能输入 $p(c)=\dfrac{1}{m}$，有 $H(X)=\log m$。所以，

$$I(X;Y)=H(X)-H(X \mid Y)=\log m - H(X \mid Y)$$

首先验证以下结论：

$$I(X;Y) \leqslant \sum_{i=1}^{n} I(X_i;Y_i) \leqslant n\mathcal{C}$$

以 $n=2$ 为例说明，对于任意的 n，说明方法类似。由互信息定义得：

$$I(X_1,X_2;Y_1,Y_2)=H(Y_1,Y_2)-H(Y_1,Y_2 \mid X_1,X_2)$$

$$=H(Y_1,Y_2)-\sum_{x_1,x_2} H(Y_1,Y_2 \mid X_1=x_1,X_2=x_2)p(x_1,x_2)$$

$$=H(Y_1,Y_2)-\sum_{x_1,x_2}\left[\sum_{y_1,y_2} p(y_1,y_2 \mid x_1,x_2)\log\frac{1}{p(y_1,y_2 \mid x_1,x_2)}\right]p(x_1,x_2)$$

$$=H(Y_1,Y_2)-\sum_{x_1,x_2,y_1,y_2} p(x_1,x_2,y_1,y_2)\log\frac{1}{p(y_1,y_2 \mid x_1,x_2)}$$

$$=H(Y_1,Y_2)-\sum_{x_1,x_2,y_1,y_2} p(x_1,x_2,y_1,y_2)\log\frac{1}{p(y_1 \mid x_1)p(y_2 \mid x_2)}$$

(以上利用了无记忆信道的假设)

$$=H(Y_1,Y_2)-\sum_{x_1,x_2,y_1,y_2} p(x_1,x_2,y_1,y_2)\log\frac{1}{p(y_1 \mid x_1)}-$$

$$\sum_{x_1,x_2,y_1,y_2} p(x_1,x_2,y_1,y_2)\log\frac{1}{p(y_2 \mid x_2)}$$

$$
\begin{aligned}
&= H(Y_1, Y_2) - \sum_{x_1, y_1} p(x_1, y_1) \log \frac{1}{p(y_1 \mid x_1)} - \sum_{x_2, y_2} p(x_2, y_2) \log \frac{1}{p(y_2 \mid x_2)} \\
&= H(Y_1, Y_2) - \sum_{x_1} \left[\sum_{y_1} p(y_1 \mid x_1) \log \frac{1}{p(y_1 \mid x_1)} \right] p(x_1) - \\
&\quad \sum_{x_2} \left[\sum_{y_2} p(y_2 \mid x_2) \log \frac{1}{p(y_2 \mid x_2)} \right] p(x_2) \\
&= H(Y_1, Y_2) - \sum_{x_1} H(Y_1 \mid X_1 = x_1) p(x_1) - \sum_{x_2} H(Y_2 \mid X_2 = x_2) p(x_2) \\
&= H(Y_1, Y_2) - H(Y_1 \mid X_1) - H(Y_2 \mid X_2) \\
&\leqslant [H(Y_1) - H(Y_1 \mid X_1)] + [H(Y_2) - H(Y_2 \mid X_2)] \\
&= I(X_1; Y_1) + I(X_2; Y_2) \\
&\leqslant 2\mathcal{C}
\end{aligned}
$$

于是结合上文可得：

$$I(X;Y) = \log m - H(X \mid Y) \leqslant n\mathcal{C}$$

或等价地写成：

$$\log m - n\mathcal{C} \leqslant H(X \mid Y)$$

于是根据法诺不等式得：

$$
\begin{aligned}
\log m - n\mathcal{C} &\leqslant H(X \mid Y) \\
&\leqslant H[p_{\mathrm{e}}^{\mathrm{av}}(n)] + p_{\mathrm{e}}^{\mathrm{av}}(n) \log(m-1) \\
&\leqslant 1 + p_{\mathrm{e}}^{\mathrm{av}}(n) \log m
\end{aligned}
\tag{3.4.2}
$$

在式(3.4.2)及下文的计算中，我们假设 s 和对数的底都等于 2，但这不妨碍所要得到的结论。式(3.4.2)等价于

$$\frac{\log m - n\mathcal{C} - 1}{\log m} \leqslant p_{\mathrm{e}}^{\mathrm{av}}(n)$$

或者

$$1 - \frac{n\mathcal{C} + 1}{\log m} \leqslant p_{\mathrm{e}}^{\mathrm{av}}(n)$$

设 $R - \mathcal{C} = \varepsilon > 0$，则 $m = 2^{\lceil nR \rceil} \geqslant 2^{\mathcal{C} + \varepsilon}$，于是，

$$1 - \frac{n\mathcal{C} + 1}{n(\mathcal{C} + \varepsilon)} \leqslant p_{\mathrm{e}}^{\mathrm{ar}}(n)$$

或者写成

$$\frac{\varepsilon - \dfrac{1}{n}}{\varepsilon + \mathcal{C}} \leqslant p_{\mathrm{e}}^{\mathrm{av}}(n)$$

由此及 $\varepsilon > 0$，我们得知一定存在 $\delta_1 > 0$ 及 $N \geqslant 0$，使得当 $n > N$ 时，有

$$p_{\mathrm{e}}^{\mathrm{av}}(n) \geqslant \delta_1 > 0$$

如果存在 $n\leqslant N$ 使得 $p_e^{av}(n)=0$,则由式(3.4.2)得:

$$\log m - n\mathcal{C} \leqslant 0$$

即 $R=\log m\leqslant \mathcal{C}$,这与定理的假设矛盾。于是,对于每一个 $n\leqslant N$,都有 $p_e^{av}(n)>0$。取

$$\delta = \min\{p_e^{av}(1),\cdots,p_e^{av}(N),\delta_1\}$$

则 δ 即满足定理要求。 □

3.4.2 信道编码定理

本小节中,将在二元对称信道情形下证明信道编码定理。这个证明包括了该定理完整证明的主要思想,并且理解也相对比较容易。在证明之前,需要一些引理。

引理 3.4.1 若 $0\leqslant\lambda\leqslant\frac{1}{2}$,则

$$\sum_{k=0}^{\lfloor\lambda n\rfloor}\binom{n}{k}\leqslant 2^{nH(\lambda)}$$

这里 $H(\lambda)=\lambda\log_2\lambda-(1-\lambda)\log_2(1-\lambda)$是两点分布的熵函数。

证明 如果 $\lambda=0$,则不等式两边都等于 1;如果 $\lambda=\frac{1}{2}$,因为 $H\left(\frac{1}{2}\right)=1$,右边等于 2^n,所以不等式也成立。现在设 $0\leqslant\lambda\leqslant\frac{1}{2}$,下面利用契科夫不等式:如果 X 是一个只取非负数的随机变量,那么契科夫不等式 $P(X\geqslant a)\leqslant\frac{E(X)}{a}$,$a>0$,如果有 $X=e^{tY}$ 的形式,这里 Y 是一个随机变量,t 是一个实数,令 $a=e^{tb}$,则上式就变成

$$P(e^{tY}\geqslant e^{tb})\leqslant\frac{E(e^{tY})}{e^{tb}},\ b\in\mathbb{R}$$

如果 $t<0$,则 $e^{tY}\geqslant e^{tb}$ 成立时当且仅当 $Y\leqslant b$。所以上式等价于

$$P(Y\leqslant b)\leqslant\frac{E(e^{tY})}{e^{tb}},\ b\in\mathbb{R},t<0$$

如果 Y 是一个服从二项分布的随机变量,则有:

$$P(Y\leqslant b)=\sum_{k=0}^{b}\binom{n}{k}p^kq^{n-k}$$

这里 $q=1-p$,并且规定若 b 不是整数时,则上式求和的上界是 $\lfloor b\rfloor$。又因为 Y 是二项分布时有 $E(e^{tY})=(q+pe^t)^n$,于是当 Y 是二项分布时,有下列关系式:

$$\sum_{k=0}^{b}\binom{n}{k}p^kq^{n-k}\leqslant e^{-tb}(q+pe^t)^n$$

现在令 $b=\lambda n$,λ 满足 $0<\lambda<1$。于是,

$$\sum_{k=0}^{\lambda n}\binom{n}{k}p^k q^{n-k} \leqslant e^{-\lambda nt}(q+pe^t)^n$$

令 $x=e^t$，代入上式的右边，在区间 $[0,1]$ 上（因 $t<0$），取上式右边的极小值点，即 $x=e^t=\frac{\lambda q}{\mu p}$，这里 $\mu=1-\lambda$，且 $\lambda<p$。把这个 e^t 的值代入上式的右边得：

$$\left(\frac{\lambda q}{\mu p}\right)^{-\lambda n}\left(q+p\,\frac{\lambda q}{\mu p}\right)^n=\left(\frac{\lambda q}{\mu p}\right)^{-\lambda n}q^n\left(1+\frac{\lambda}{\mu}\right)^n$$

$$=\left(\frac{\lambda q}{\mu p}\right)^{-\lambda n}\left(\frac{q}{\mu}\right)^n=\lambda^{-\lambda n}\mu^{-\mu n}p^{\lambda n}q^{\mu n}$$

于是得到：

$$\sum_{k=0}^{\lambda n}\binom{n}{k}p^k q^{n-k} \leqslant \lambda^{-\lambda n}\mu^{-\mu n}p^{\lambda n}q^{\mu n}$$

其中 $\lambda<p$。令 $p=q=\frac{1}{2}$，可得：

$$\sum_{k=0}^{\lambda n}\binom{n}{k} \leqslant \lambda^{-\lambda n}\mu^{-\mu n}$$

其中 $\lambda<\frac{1}{2}$。又因为

$$\lambda^{-\lambda n}\mu^{-\mu n}=2^{n[-\lambda\log_2\lambda-\mu\log_2\mu]}=2^{nH(\lambda)}$$

于是引理结论得证。□

引理 3.4.2　考虑一个离散无记忆信道，C 是信道容量，则下面的两个结论等价。

(1) 对任意 $R<C$，存在一个 $(n,\lceil s^{nR}\rceil)$ 码序列 C_n，对应的译码方案为 f_n，那么当 $n\to\infty$ 时，其最大误码概率为 $p_e^{\max}(n)\to 0$。

(2) 对任意 $R<C$，存在一个 $(n,\lceil s^{nR}\rceil)$ 码序列 E_n，对应的译码方案为 g_n，那么当 $n\to\infty$ 时，其平均误码概率为 $p_e^{\text{av}}(n)\to 0$。

证明　结论(1)蕴含结论(2)是显然的。

现证明从结论(2)可以得到结论(1)。首先说明（参见本章的习题 9），当 $s\geqslant 2$ 为整数且 $0<R<C$ 时，可以找到 R' 使得

$$R+\frac{\log_s 2}{n}+\frac{1}{n}\leqslant R'<C$$

且对足够大的 n，有

$$\frac{1}{2}\lceil s^{nR'}\rceil \geqslant \lceil s^{nR}\rceil$$

于是，对给定的 $R<C$，可以选择一个这样的 R'，对应这个 R'，由结论(2)，将存在一个 $(n,\lceil s^{nR}\rceil)$ 码序列 E_n 以及译码方案 g_n，当 $n\to\infty$ 时，其平均译码错误概率

$p_e^{av}(n)\to 0$。所以对任意 $\varepsilon>0$，当 n 足够大时，针对译码方案 g_n，含 $u=\lceil s^{nR'}\rceil$ 个码字的码 $E_n=\{e_1,\cdots,e_u\}$ 满足

$$\frac{1}{u}\sum_{i=1}^{u}P(\text{错误}\mid e_i)<\frac{\varepsilon}{2}$$

我们把下面结果的证明留做练习：如果一些非负数的平均值等于 a，那么至少有一半以上的数比 $2a$ 小。这说明至少有一半的码字 $e_i\in E_n$ 满足

$$P(\text{错误}\mid e_i)<2\,\frac{\varepsilon}{2}=\varepsilon$$

用这些码字组成一个长度为 n 的新码，记为

$$C_n=\{c_1,\cdots,c_v\}$$

其中 $v\geqslant\frac{1}{2}\lceil s^{nR'}\rceil\geqslant\lceil s^{nR}\rceil$。对于 C_n 和输出串 d_j，把译码方案 g_n 限制为 $g_n(d_j)\in C_n$。于是，C_n 的最大译码错误概率至多是 ε，即 $p_e^{\max}(n)\to 0$。这就证明了结论。□

定理 3.4.3（信道编码定理） 考虑一个容量为 $\mathcal{C}$ 的离散无记忆信道。对任意正数 $R<\mathcal{C}$，存在一个 s 元码序列 C_n，以及对应的译码方案 f_n，具有如下性质：

(1) C_n 是一个 $(n,\lceil s^{nR}\rceil)$ 码，也就是，C_n 的长度为 n，码率至少为 R。

(2) 当 $n\to\infty$ 时，f_n 的译码最大译码错误概率接近于 0，即

$$p_e^{\max}(n)\to 0$$

证明 针对交叉概率 $p<\frac{1}{2}$ 的二元对称信道（$s=2$）证明这个定理，证明的框架之前已经给出。现在将把证明框架进一步细化。由引理 3.4.2，定理中的结论 $p_e^{\max}(n)\to 0$ 可被等价地替换为 $p_e^{av}(n)\to 0$。所以，我们只需证明 $p_e^{av}(n)\to 0$。设 ε 是一个正数，满足 $p+\varepsilon<\frac{1}{2}$，令 $\rho=n(p+\varepsilon)$，设 $C_n=\{c_1,\cdots,c_m\}$ 是含有 m 个码字长度为 n 的二元码。定义两个码字 x 和 y 的汉明（Hamming）距离 $h(x,y)$ 为这两个码字相互不同的坐标个数。记号 $\overline{B}(x,\rho):=\{y\mid h(x,y)\leqslant\rho\}$ 代表以码字 x 为中心，ρ 为半径的闭球。为实现随机编码，必须允许部分码字 $c_i\in C_n$ 是相同的（因而码 C_n 是多重集），但这并不影响我们的证明。

确定一个译码方案如下。假设接收到字符串 d，如果在邻域球 $\overline{B}(d,\rho)$ 中有唯一的码字 c_i，则把 d 译为 c_i。如果 $c_i,c_k\in\overline{B}(d,\rho)$，$i\neq k$，则不论 c_i 是否等于 c_k，都认为发生了一个错误。

根据这个译码方案，如果发送 c_i，接收到的是 d，而 c_i 不在 $\overline{B}(d,\rho)$ 中，或者如果 $k\neq i$，码字 $c_k\in C_n$，那么译码错误就发生了。根据这个事实可得：

$$P(\text{错误}\mid c_i)\leqslant\sum_{c_i\notin\overline{B}(d,\rho)}P(d\mid c_i)+\sum_{\exists j\neq i,c_j\in\overline{B}(d,\rho)}P(d\mid c_i)$$

$$\leqslant \sum_{c_i \notin \overline{B}(d,\rho)} P(d \mid c_i) + \sum_{j\neq i, j=1}^{m} \sum_{c_j \in \overline{B}(d,\rho)} P(d \mid c_i)$$

右边第一个和式是 c_i 不在接收的符号串 d 的邻域球 $\overline{B}(d,\rho)$ 中的概率，这时信道至少产生了 ρ 个错误，但是因为 $\rho > np$，根据大数定律，当 $n \to \infty$ 时，这个概率趋近于 0。这样，第一个和式可写成

$$\sum_{c_i \notin B(d,\rho)} P(d \mid c_i) \leqslant \delta_n$$

当 $n \to \infty$ 时，δ_n 满足 $\delta_n \to 0$，且 δ_n 与码 C 无关。于是，

$$P(\text{错误} \mid c_i) \leqslant \delta_n + \sum_{j\neq i, j=1}^{m} \sum_{c_j \in \overline{B}(d,\rho)} P(d \mid c_i)$$

接下来利用引理 3.4.2 的证明思想，可以通过假设每一个码字都等可能地输入信道而得到一个平均译码错误概率的上界，即假设任意码字 c_i 满足 $P(c_i) = \dfrac{1}{m}$，于是可得：

$$\begin{aligned} p_{\mathrm{e}}^{\mathrm{av}}(c_1, \cdots, c_m) &= \frac{1}{m}\sum_{i=1}^{m} P(\text{错误} \mid c_i) \\ &\leqslant \delta_n + \frac{1}{m}\sum_{i=1}^{m}\sum_{j\neq i, j=1}^{m} \sum_{c_j \in \overline{B}(d,\rho)} P(d \mid c_i) \end{aligned}$$

如果 $h(x,y) \leqslant \rho$，令 $\delta_\rho(x,y) = 1$，否则令 $\delta_\rho(x,y) = 0$。于是上式可改写为

$$p_{\mathrm{e}}^{\mathrm{av}}(c_1, \cdots, c_m) \leqslant \delta_n + \frac{1}{m}\sum_{i=1}^{m}\sum_{j\neq i, j=1}^{m} \sum_{d \in 2^n} P(d \mid c_i)\delta_\rho(d, c_j)$$

这里的 2^n 代表所有的长度为 n 的二元向量的集合。上式可进一步改写为

$$p_{\mathrm{e}}^{\mathrm{av}}(c_1, \cdots, c_m) \leqslant \delta_n + \frac{1}{m}\sum_{d \in 2^n}\sum_{i=1}^{m}\sum_{j\neq i, j=1}^{m} P(d \mid c_i)\delta_\rho(d, c_j) \tag{3.4.3}$$

现在假设码字 c_i 是从集合 2^n 中独立随机选取的，如果 ω_i 代表第 i 个被选到的码字，则 $\omega_1, \cdots, \omega_m$ 是独立的等概率分布随机变量。于是根据式(3.4.3)可得：

$$p_{\mathrm{e}}^{\mathrm{av}}(\omega_1, \cdots, \omega_m) \leqslant \delta_n + \frac{1}{m}\sum_{d \in 2^n}\sum_{i=1}^{m}\sum_{j\neq i, j=1}^{m} P(d \mid \omega_i)\delta_\rho(d, \omega_j)$$

由于随机变量 $P(d|\omega_i)$ 和 $\delta_\rho(d, \omega_j)$ 是相互独立的，所以上式两边取数学期望后得：

$$E[p_{\mathrm{e}}^{\mathrm{av}}(\omega_1, \cdots, \omega_m)] \leqslant \frac{1}{m}\sum_{d \in 2^n}\sum_{i=1}^{m}\sum_{j\neq i, j=1}^{m} E[P(d \mid \omega_i)]E[\delta_\rho(d, \omega_j)] + \delta_n \tag{3.4.4}$$

利用 ω_i 在 2^n 上等概率分布可得：

$$E[\delta_\rho(d, \omega_j)] = \sum_{x \in 2^n} \delta_\rho(d, x)P(\omega_j = x) = \frac{1}{2^n}\sum_{x \in 2^n}\delta_\rho(d, x) = \frac{|\overline{B}(d, p)|}{2^n}$$

$$E[P(d \mid \omega_i)] = \sum_{x \in 2^n} P(d \mid x) P(\omega_i = x) = \frac{1}{2^n} \sum_{x \in 2^n} P(d \mid x)$$

把这两个式子代入式(3.4.4)可得：

$$E[p_e^{av}(\omega_1, \cdots, \omega_m)] \leqslant \delta_n + \frac{1}{m} \sum_{d \in 2^n} \sum_{i=1}^{m} \sum_{j \neq i, j=1}^{m} \frac{1}{2^n} \sum_{x \in 2^n} P(d \mid x) \frac{|\overline{B}(d,\rho)|}{2^n}$$

注意到对任意 d，$|\overline{B}(d,\rho)| = |\overline{B}(0,\rho)|$，这里 0 是由 n 个 0 构成的二元向量。整理上式可得：

$$E[p_e^{av}(\omega_1, \cdots, \omega_m)] \leqslant \delta_n + \frac{|\overline{B}(0,\rho)|}{m 2^n 2^n} \sum_{i=1}^{m} \sum_{j \neq i, j=1}^{m} \sum_{x \in 2^n} \sum_{d \in 2^n} P(d \mid x) \tag{3.4.5}$$

由于

$$\sum_{x \in 2^n} \sum_{d \in 2^n} P(d \mid x) = \sum_{x \in 2^n} 1 = 2^n$$

所以

$$\sum_{i=1}^{m} \sum_{j \neq i, j=1}^{m} \sum_{x \in 2^n} \sum_{d \in 2^n} P(d \mid x) = \sum_{i=1}^{m} \sum_{j \neq i, j=1}^{m} 2^n = m(m-1)2^n$$

把这个结果代入式(3.4.5)得：

$$E[p_e^{av}(\omega_1, \cdots, \omega_)] \leqslant \delta_n + \frac{m-1}{2^n} |\overline{B}(0,\rho)|$$

因为 $\rho = n(p+\varepsilon)$，根据引理 3.4.1(其中 $\lambda = p+\varepsilon$)可得：

$$|\overline{B}(0,\rho)| = \sum_{k=0}^{n(p+\varepsilon)} \binom{n}{k} \leqslant 2^{nH(p+\varepsilon)}$$

于是

$$E[p_e^{av}(\omega_1, \cdots, \omega_m)] \leqslant \delta_n + \frac{m}{2^n} 2^{nH(p+\varepsilon)}$$

这个不等式对足够小的 $\varepsilon > 0$ 且 $p + \varepsilon < \frac{1}{2}$ 的 ε 总成立，于是利用熵函数 H 的连续性即得：

$$E[p_e^{av}(\omega_1, \cdots, \omega_m)] \leqslant \delta_n + \frac{m}{2^n} 2^{nH(p)}$$

因为

$$\frac{m}{2^n} 2^{nH(p)} = 2^{\log_2 m - n[1-H(p)]} = 2^{\log_2 m - n\mathcal{C}}$$

(这里利用了二元对称信道的信道容量 $\mathcal{C} = 1 - H(p)$(见推论 3.2.1))，所以

$$E[p_e^{av}(\omega_1, \cdots, \omega_m)] \leqslant \delta_n + 2^{\log_2 m - n\mathcal{C}}$$

由于 $R < \mathcal{C}$，所以可选择 R' 使得对足够大的 n 满足

$$R + \frac{1}{n} < R' < \mathcal{C}$$

因此，

$$\lceil 2^{nR} \rceil \leqslant 2^{nR} + 1 \leqslant 2^{nR+1} = 2^{n\left(R+\frac{1}{n}\right)} < 2^{nR'}$$

取码字个数 $m = \lceil 2^{nR} \rceil$ 可得：

$$\log_2 m - n\mathcal{C} < \log_2(2^{nR'}) - n\mathcal{C} < n(R' - \mathcal{C})$$

于是，

$$E[p_e^{\mathrm{av}}(\omega_1,\cdots,\omega_m)] \leqslant \delta_n + 2^{-n(\mathcal{C}-R')}$$

从上式得出对任意 n，总存在随机向量 $(\omega_1,\cdots,\omega_m)$ 的一组取值

$$(\omega_1,\cdots,\omega_m) = (c_1,\cdots,c_m)$$

也就是 $C_n = (c_1,\cdots,c_m)$，使得

$$p_e^{\mathrm{av}}(c_1,\cdots,c_m) \leqslant \delta_n + 2^{-n(\mathcal{C}-R')}$$

因为上面不等式右端的每一项在 $n \to \infty$ 时都趋向于 0，所以

$$p_e^{\mathrm{av}}(c_1,\cdots,c_m) \to 0$$

定理得证。 □

注记 3.4.1　(有噪)信道编码定理也被称为仙农第二定理，上面介绍的证明就是大家熟知的随机码证明方法，被仙农在他的开创性论文中引用。事实上，定理不仅说明存在具有这些性质的编码方案，并且这种随机性的证明方法预示着编码方案也许很多。然而，仙农给出的证明方法终究只是肯定了编码方案的存在性，这种存在性是非构造性的证明。也就是说，证明没有告诉我们如何具体获得编码方案。如何构造绝对可靠，同时传输效率又逼近信道容量 $\mathcal{C}$ 的理想编码方案，即信息论中的仙农限，一直是之后的信息论学者不懈追求的目标，从 Turbo 码到 LDPC(低密度)码，越来越接近这样的理想编码方案。而 2008 年土耳其学者 Arikan 提出的极化信道和极化码(可参考文献[1])在理论上几乎实现了这一理想编码方案，是信道编码定理构造性证明的重大突破。Arikan 在他的论文中提出了信道合并和信道分裂这两种信道操作理论。信道合并和信道分裂是对信道转移概率矩阵的一种递归运算，在上述两种操作下，原本相同的一些信道产生了极化现象，其中一部分信道的信道容量趋近于 1，另一部分信道的信道容量趋近于 0。极化码就建立在信道极化这一基础上。实际上，极化码的编码方法与信道合并运算密切相关，而极化码的解码方法与信道分裂运算密切相关。通过分析极化现象中的特定参数，我们可以确定极化码编码过程中的信息位选取方案。在信息传输时，通过在信道容量趋近于 1 的一部分信道传输有用信息，而在另一部分信道上传递无用信息(即信息量为 0 的信息)，实现对仙农限的逼近。极化码不但逼近仙农限，而且其使用的递推编码算法和译码算法的复杂度均为线性复杂度，相对来说其复杂度比较低，这为其在通信工程中的应用提供了极大可行性，实际上，我国华为公司的 5G 通信技术就源于极化码理论。

另外，为了把译码错误概率降低到一定程度，信道编码定理预示着所用的编码方案的码长要非常长，甚至要长到不可实现的程度。所以，简单地发现符合定理要求的但不可实现的编码不能够解决可靠传输的问题。为得到可以实现的可靠传输，信息论学者们发展和完善了强大的纠错编码理论，即通过赋予编码方案丰富的代数或者几何结构，通过这些数学结构实现检查和纠正可能出现的传输错误；不仅如此，这些数学结构还能使编码和译码过程相对容易实现。这使得纠错编码从超市购物的扫码到卫星通信等诸多生活领域得以广泛应用。本书后面几章将介绍几类拥有简单线性结构的码以初步阐释信息论中的信道编码定理。读者如果想了解更多的(纠错)码类如：RM 码、BCH 码和更多的(纠错)编码理论，以及编码理论与组合设计等其他学科的密切联系，可参考文献[6]和文献[10]。

3.4.3 信道编码定理的逆定理的强形式

本小节介绍信道编码定理的逆定理的强形式，这种强形式从另一个角度阐述了信道编码定理的逆定理，是信道编码定理的有力补充，它与信道编码定理一起进一步说明了信道容量这个参数在精确通信中的重要临界作用，为通信工程提供了重大的理论依据。

定理 3.4.4(信道编码定理的逆定理的强形式)　考虑一个容量为 $\mathcal{C}$ 的离散无记忆信道，若 C_n 为$(n,\lceil s^{nR}\rceil)$码序列，对应的译码方案为 g_n，其平均译码错误概率为 $p_e^{av}(n)$。那么如果 $R>\mathcal{C}$，则当 $n\to\infty$ 时一定有

$$p_e^{av}(n)\to 1$$

需要指出，在上述定理叙述中的结论用的是平均译码错误概率，实际上，完全可以把这个结论用最大译码错误概率取代，即上述定理可等价地叙述如下：

定理 3.4.5　考虑一个容量为 $\mathcal{C}$ 的离散无记忆信道，若 C_n 为$(n,\lceil s^{nR}\rceil)$码序列，则对应的译码方案为 f_n，其最大误码概率为 $p_e^{max}(n)$。那么如果 $R>\mathcal{C}$，则当 $n\to\infty$ 时一定有

$$p_e^{max}(n)\to 1$$

证明的步骤是，首先证明定理 3.4.4 和定理 3.4.5 的等价性，然后再给出定理 3.4.5 针对二元对称信道的详细证明过程。

定理 3.4.4 和定理 3.4.5 的等价性证明　由定理 3.4.4 的结果得出定理 3.4.5 是显然的。所以，只须说明由定理 3.4.5 可以得到定理 3.4.4。现在假设存在一列$(n,\lceil s^{nR}\rceil)$码及译码方案 f_n，当 $R>\mathcal{C}$，有相应结论 $p_e^{max}(n)\to 1$。如果定理 3.4.4 不成立，即如果 $p_e^{av}(n)\not\to 1$，则存在 $\lambda<1$ 使得 $p_e^{av}(n)<\lambda<1$。取 $\varepsilon_0>0$ 使 $\lambda<1-\varepsilon_0<1$。考虑满足 $P(错误|c_i)\geqslant 1-\varepsilon_0$ 的码字 c_i 的个数 t，则 t 满足

$$t(1-\varepsilon_0) \leqslant \sum_i P(\text{错误} \mid c_i) < m\lambda$$

或者

$$t < \frac{m\lambda}{1-\varepsilon_0}$$

其中，$m=\lceil s^{nR} \rceil$。于是满足 $P(\text{错误}|c_i)<1-\varepsilon_0$ 的码字 c_i 的个数为

$$m-t > \frac{1-\varepsilon_0-\lambda}{1-\varepsilon_0}m$$

把这个码字集合记为 C'_n，则 C'_n 的码率 R' 满足

$$\frac{\log m}{n} + \frac{\log \frac{1-\varepsilon_0-\lambda}{1-\varepsilon_0}}{n} < R' = \frac{\log(m-t)}{n} \leqslant R$$

且当 $n\to\infty$ 时，有 $R'\to R$。这样就可以得到一列新码，不妨还设为 C'_n，在仍然选取译码方案 f_n 的前提下，C'_n 即满足码率 $R'>\mathcal{C}$，但此时却得到其最大译码错误概率 $p_e^{\max}(n)<1-\varepsilon_0 \not\to 1$，这显然与定理 3.4.5 矛盾，从而证明了由定理 3.4.5 可以得到定理 3.4.4。 □

接下来为了证明定理 3.4.5，先叙述一个预备结论。

引理 3.4.3　如果 $0<a<\frac{1}{2}$，那么

$$\binom{n}{an} \geqslant 2^{n[H(a)-\delta_n]}$$

其中 $H(a)=a\log\frac{1}{a}+(1-a)\log\frac{1}{1-a}$ 是熵函数，当 $n\to\infty$ 时 $\delta_n\to 0$。

这个引理可以用斯特灵（Stirling）的公式

$$n! = \sqrt{2\pi n}\, n^n \mathrm{e}^{-n} \exp\left(\frac{1}{12n} - \frac{1}{360n^3} + \cdots\right)$$

来证明（证明留作练习）。

定理 3.4.5 的证明　针对交叉概率为 $p<\frac{1}{2}$ 的二元对称信道证明此定理。基本思想是利用反证法，即证明如果 $p_e^{\max}(n)\not\to 1$，那么就有 $R\leqslant\mathcal{C}$，从而得出矛盾的结论。如果 $p_e^{\max}(n)\not\to 1$，则存在 $\lambda<1$，使得 $p_e^{\max}(n)\leqslant\lambda<1$。直观地说，不等式

$$P(\text{错误} \mid c_i) \leqslant p_e^{\max}(n) \leqslant \lambda < 1 \tag{3.4.6}$$

告诉我们译码错误概率不是很大，还告诉我们集合 $B_i=f^{-1}(c_i)$ 不可能很小。因为如果 B_i 很小，意味着纠正的错误不够多，从而错误的概率会很大。另一方面，B_i 也不可能太大，因为它们是长度为 n 的 2^n 个可能的码字集合的互不相交的子集。我们的想法是得出集合 B_i 的大小 $|B_i|$ 的一个适当下界 L，即

$$|B_i| \geqslant L$$

然后根据$\lceil 2^{nR} \rceil$个子集B_i互不相交的事实得出

$$\lceil 2^{nR} \rceil L \leqslant 2^n$$

由此得到$R \leqslant C$。

由于信道的交叉概率$p < \frac{1}{2}$,所以对于输入信道一个码字c_i,接收方收到较少错误的符号串的概率应该大于较多错误的符号串的概率。用数学式子可以表示为

$$h(d_v, c_i) < h(d_u, c_i) \Rightarrow P(d_v \mid c_i) > P(d_u \mid c_i)$$

这里的$h(d_v, c_i)$仍然表示汉明(Hamming)距离(见定理3.4.3)。所以如果用与B_i一样大小的集合B'_i来代替B_i,不会增加概率P(错误$|c_i$),这里的B'_i满足条件:对某个$\rho_i > 0$,有

$$B(c_i, \rho_i) \subset B'_i \subsetneqq B(c_i, \rho_i + 1),$$

即相对于B_i,B'_i的特点是更加紧凑地围绕在c_i附近。为了说明上述事实,假设$d_u \in B_i$,$d_v \notin B_i$,但是d_v离c_i比d_u更近,那么

$$\begin{aligned} P(\text{没有错误} \mid c_i, \text{用 } B_i) &= \sum_{d_j \in B_j} p(d_j \mid c_i) \\ &= \sum_{d_j \in B_i - \{d_u\}} p(d_j \mid c_i) + p(d_u \mid c_i) \\ &< \sum_{d_j \in B_i - \{d_u\}} p(d_j \mid c_i) + p(d_v \mid c_i) \\ &= \sum_{d_j \in B_i - \{d_u\} \cup \{d_v\}} p(d_j \mid c_i) \\ &= P(\text{没有错误} \mid c_i, \text{用 } B_i - \{d_u\} \cup \{d_v\}) \end{aligned}$$

所以,

$$P(\text{错误} \mid c_i, \text{用 } B_i) > P(\text{错误} \mid c_i, \text{用 } B_i - \{d_u\} \cup \{d_v\})$$

于是根据式(3.4.6)可得结论:

$$P(\text{错误} \mid c_i, \text{用 } B'_i) \leqslant p_e^{\max}(n) \tag{3.4.7}$$

注意由于$B'_i, \cdots, B'_n$并不一定是互不相交的,所以它们未必能构成一个译码方案。B'_i的作用在于通过估计ρ_i的值以及大数定律和式(3.4.7)得到$|B'_i|$的估计,从而也估计出$|B_i| = |B'_i|$的值。注意到,当使用B'_i时,每当信道传输发生$\rho_i + 1$以上个错误,就会发生译码错误,因为在这种情况下,接收到的字符串不在球$\overline{B}(c_i, \rho_i + 1)$内,所以也不在$B'_i$内,所以由式(3.4.7)得:

$$P(\text{至少 } \rho_i + 1 \text{ 位错误}) \leqslant p_e^{\max}(n) \leqslant \lambda < 1$$

如果对某个$p' < p$,有$\rho_i + 1 \leqslant np'$,则

$$P(\text{至少 } np' \text{ 位错误}) \leqslant P(\text{至少 } \rho_i + 1 \text{ 位错误}) \leqslant \lambda < 1$$

但在 n 充分大以后，这是不可能的，因为大数定律告诉我们，当 $n\to\infty$ 时，上式最左边的极限是 1。这样，给定任意 $p'<p$，对足够大的 n(依赖于 p')总有

$$\rho_i+1>np' \tag{3.4.8}$$

把式(3.4.8)改写成下面的形式：

$$\rho_i>n\left(p'-\frac{1}{n}\right)=np''$$

由此可以看到，只要 n 足够大，对任意 $p''<p$，都有

$$\rho_i>np''$$

利用上面的事实，我们得到：

$$|B_i|=|B_i'|\geqslant|B(c_i,\rho_i)|=\sum_{j=0}^{\rho_i}\binom{n}{j}\geqslant\sum_{j=0}^{np''}\binom{n}{j}\geqslant\binom{n}{np''}$$

又因为 $p''<p<\frac{1}{2}$，于是由引理 3.4.3 得：

$$|B_i|\geqslant 2^{n[H(p'')-\delta_n]}$$

其中 δ_n 满足：当 $n\to\infty$ 时，$\delta_n\to 0$。又由 $\lceil 2^{nR}\rceil$ 个子集 B_i 互不相交可得下式：

$$\sum_{i=1}^{\lceil 2^{nR}\rceil}|B_i|\leqslant 2^n$$

于是，

$$\lceil 2^{nR}\rceil 2^{n[H(p'')-\delta_n]}\leqslant 2^n$$

由此得：

$$2^{nR}\leqslant 2^{n[1-H(p'')+\delta_n]}$$

于是，

$$R\leqslant 1-H(p'')+\delta_n$$

对上式两边取 $n\to\infty$ 的极限，注意到 p'' 是任意满足 $p''<p$ 的数，而熵函数 H 是连续的，于是得到：$R\leqslant 1-H(p)=c$，这与已知条件矛盾，从而完成了定理的证明。 □

练习题

1. 给出一个对称信道的 3×3 的信道矩阵的例子。

2. 对于一个二元擦除信道，其概率分布如下：

$$P(X=0)=\frac{1}{3},\ P(X=1)=\frac{2}{3}$$

$$P(Y=0\mid X=0)=\frac{1}{2},\ P(Y=?\mid X=0)=\frac{1}{2},\ P(Y=1\mid X=0)=0$$

$$P(Y=0\mid X=1)=0,\ P(Y=?\mid X=1)=\frac{1}{3},\ P(Y=1\mid X=1)=\frac{2}{3}$$

计算 $H_2(X),H_2(Y),H_2(X|Y),H_2(Y|X)$。

3. 设

$$f:\{x_1,\cdots,x_s\}\to\{y_1,\cdots,y_s\}$$

是一个信道的输入输出函数。

(a) 证明对任意输入 X，$H(f(X)|X)=0$。

(b) 证明对任意输入 X，$H(f(x))\leqslant H(X)$。不等式中的等式在什么条件下成立？

4. 证明：

$$H(X,Y\mid Z)\leqslant H(X\mid Z)+H(Y\mid X,Z)$$

当且仅当

$$P(x_i,y_j\mid z_k)=P(x_i\mid z_k)P(y_j\mid z_k)$$

等式成立。如何用语言描述这个结论？

5. 考虑一个具体的二元擦除信道，其概率为

$$P(Y=y_1\mid X=x_1)=p$$
$$P(Y=y_2\mid X=x_1)=q$$
$$P(Y=y_3\mid X=x_1)=1-p-q$$
$$P(Y=y_1\mid X=x_2)=1-p-q$$
$$P(Y=y_2\mid X=x_2)=q$$
$$P(Y=y_3\mid X=x_2)=p$$

设 $P(x_1)=p_1$，计算互信息量 $I(X;Y)$，计算信道容量，并求出达到该容量的输入概率。

6. 证明：互信息函数是输入概率的连续函数。

7. 考虑一个信道，其信道矩阵为

$$\begin{pmatrix}\frac{1}{6} & \frac{1}{3} & \frac{1}{2}\\ \frac{1}{3} & \frac{1}{2} & \frac{1}{6}\\ \frac{1}{2} & \frac{1}{6} & \frac{1}{3}\end{pmatrix}$$

对于输入分布

$$p(x_1)=\frac{1}{2},\ p(x_2)=p(x_3)=\frac{1}{4}$$

找到它的一个译码方法，求出平均译码错误概率及最大译码错误概率。

8. 设随机抽取码 $c_1,\cdots,c_m$，使用切比可夫不等式

$$P(X \geqslant \delta) \leqslant \frac{E(X)}{\delta}$$

证明:对任意 $\varepsilon>0$,只要 n 足够大,可以保证

$$p_{\mathrm{e}}^{\mathrm{av}}(c_1,\cdots,c_m) \geqslant \delta$$

的概率至多为 ε。

9. 设 $s \geqslant 2$ 为整数,$0<R<\mathcal{C}$,那么存在 R'满足

$$R + \frac{\log_s 2}{n} + \frac{1}{n} \leqslant R' < \mathcal{C}$$

对于足够大的 n 以及这个 R',有

$$\frac{1}{2}\lceil s^{nR'} \rceil \geqslant \lceil s^{nR} \rceil$$

10. 如果 X 是一个离散型随机变量,证明至少有一个 X 的值小于或等于 $E(X)$。

11. 证明:信道编码定理证明中多重集合的应用是合理的。

12. 证明:对于 $0<a<1, b=1-a$,下列结论成立:

$$\binom{n}{an} \geqslant \frac{1}{\sqrt{8nab}} 2^{nH(a)}$$

第 4 章　线性码

本章介绍纠错码中的重要码类，它们拥有简单的线性空间结构，称为线性码。作为基础，首先给出码的一些重要的界，并详细介绍达到一个界的码类，即极大距离可分码，简称 MDS 码。

如第 3 章所述，纠错码理论源于仙农的信道编码定理。现在回顾一下信道编码定理及其证明过程，有助于理解纠错码产生的重要背景。在信道编码定理的证明中，利用了随机码字的等概率输入及极大似然译码方案，通过分析译码错误概率，理论上证明了能够达到仙农限的好码的存在性。虽然在最初阶段，输入码字的选择是随机的、可重复的，但由于码字长度充分长后，极大似然译码方案的译码错误概率能够做到任意小，所以最后得到的好码实际上不可能含有重复码字。这是信道编码定理证明中非常巧妙的手段。在极大似然译码过程中，可以看到，每收到一个向量，就需要与所选的码中的码字比较汉明距离，所以，一个码中码字之间的汉明距离与极大似然译码过程密切相关，我们希望一个码中的码字之间的汉明距离都比较大，更具体地说，就是希望码字之间最小的汉明距离比较大，可以用 d 表示这个最小的汉明距离，d 比较大的优势在于可使极大似然译码方案的译码错误概率降低。另一方面，在码长固定的情况下，要求 d 增大，自然会限制码字的数量，而码字的数量代表了码的传输效率。所以，降低极大似然译码方案的译码错误概率和提高码的传输效率是相抵触的两个方向。基于这些观察，一个码的码长（即码字长度）、最小（汉明）距离、码字的个数都是其非常重要的参数。假设码 C 的码长是 n，码字个数是 M，最小汉明距离是 d，则习惯上，用 (n,M,d) 表示这个码。为了使编码有较好的数学结构，常用的编码字符集是含 q 个元素的有限域，这个有限域用 $\mathrm{GF}(q)$ 表示，这时的码也简称为 q 元码。前面已经提到，一个 $\mathrm{GF}(q)$ 上的 (n,M,d) 码的参数 n,M,d 是互相制约的，这些制约关系就形成了编码中许多著名的界。

4.1　码的界

以 $A_q(n,d)$ 表示码长为 n、最小汉明距离为 d 的 $\mathrm{GF}(q)$ 上码所含的码字的最大个数，则有下列定理：

定理 4.1.1(Singleton 界)

$$A_q(n,d) \leqslant q^{n-d+1}$$

证明 设 C 是(n,M,d)码，则当把这个码中的每个码字的后 $d-1$ 个坐标去掉时得到的新的 M 个码字仍然互不相同，但这些新的码字的长度已变更为 $n-d+1$，因而，

$$M \leqslant q^{n-d+1}$$ □

当 Singleton 界达到时，我们就称 C 是极大距离可分码，简称 MDS 码。MDS 码对参数的限制很严格，所以，这样的码并不是太多，但无论是在可靠通信的纠错方面，还是在信息安全密码方面，MDS 码都有广泛且重要的应用。后面，我们还将重点介绍线性 MDS 码。

定理 4.1.2(Sphere-Packing 界)

$$A_q(n,d) \leqslant \frac{q^n}{\sum\limits_{k=0}^{t}\binom{n}{k}(q-1)^k}, \quad t=\left\lfloor \frac{d-1}{2} \right\rfloor$$

证明 考虑以 $C=(n,M,d)$中每个码字为中心、以

$$t=\left\lfloor \frac{d-1}{2} \right\rfloor$$

为半径的那些球之间应该互不相交。否则，假设存在以码字 c_1 和 c_2 为中心的两个球有交集，并假定 n 长的向量 y 同时在这两个球中，则利用汉明距离满足三角不等式这个事实，可以得到：y 到 c_1 和 c_2 的距离之和应大于 c_1 到 c_2 的距离，如果我们用 $d(z_1,z_2)$表示两个 n 长向量 z_1 和 z_2 的汉明距离，则有

$$d \leqslant d(c_1,c_2) \leqslant d(y,c_1)+d(y,c_2) \leqslant 2t \leqslant d-1$$

这显然是不可能的。既然以 $C=(n,M,d)$中每个码字为中心、以

$$t=\left\lfloor \frac{d-1}{2} \right\rfloor$$

为半径的这些球互不相交，n 长向量的总数是 $q^n=|\mathrm{GF}(q)^n|$，而每个球所含的 n 长向量的个数为

$$\sum_{k=0}^{t}\binom{n}{k}(q-1)^k$$

我们便可得到结论。 □

达到 Sphere-Packing 界的码被称为完备码。应用极大似然译码方法和完备码传输信息的好处在于接收方无论收到哪一个向量，都可以唯一地译码。目前知道的完备码有以下这些：

$$\left.\begin{aligned}(n,M,d)&=(n,q^n,1)\\(n,M,d)&=(n,1,2t+1),\quad t\text{ 任意}\\(n,M,d)&=(2m+1,2,2m+1)\\(n,M,d)&=\left(\frac{q^r-1}{q-1},q^{n-r},3\right),\quad r\geqslant 2\end{aligned}\right\}\tag{4.1.1}$$

可以注意到,第一类和第二类码分别是全体 n 长向量和一个 n 长向量构成的平凡码,第三类码是编码理论中所谓的二元重复码,而第四类码即为著名的汉明(Hamming)线性码类,后面将重点介绍一组二元汉明码。1967 年,编码学者林特(Lint)利用计算机搜寻了所有参数满足

$$n\leqslant 1\ 000,\quad d\leqslant 2\ 001,\quad q\leqslant 100$$

的完备码,除式(4.1.1)所列出的之外,还仅包含下列码:

$$(n,M,d)=(23,2^{11},7)$$

$$(n,M,d)=(90,2^{78},5)$$

$$(n,M,d)=(11,3^6,5)$$

由此可以看出,完备码很少,因而寻找和构造完备码是编码理论中有意义的研究课题。

另一个常用的 $A_q(n,d)$ 的上界如下列定理中的描述。

定理 4.1.3(Plotkin 界) 设 $\theta=\dfrac{q-1}{q}$,如果 $d>\theta n$,则

$$A_q(n,d)\leqslant\frac{d}{d-\theta n}$$

证明 一方面,令 C 是(n,M,d)码,考虑码字之间距离的和,即

$$S=\sum_{c\in C}\sum_{d\in C}d(c,d)$$

于是有

$$S\geqslant M(M-1)d$$

另一方面,假设 C 中所有码字第 i 个坐标中等于 $j\in\mathrm{GF}(q)=\{0,\cdots,q-1\}$ 的个数为 k_{ij},于是,第 i 个坐标在 S 中所占的份额为

$$\begin{aligned}\sum_{j=0}^{q-1}k_{ij}(M-k_{ij})&=M\sum_{j=0}^{q-1}k_{ij}-\sum_{j=0}^{q-1}k_{ij}^2=M^2-\sum_{j=0}^{q-1}k_{ij}^2\\&\leqslant M^2-\frac{M^2}{q}\quad\left(\text{因为 }k_{ij}=\frac{M}{q}\text{ 时},\sum_{j=0}^{q-1}k_{ij}^2\text{ 达到最小}\right)\\&=\theta M^2\end{aligned}$$

对 n 个坐标累加便得:

$$M(M-1)d\leqslant S\leqslant\theta M^2n$$

上式进一步整理并解出 M 即得结论。 □

上面介绍了 $A_q(n,d)$ 的几个上界，下面再介绍它的一个下界。

定理 4.1.4(Gilbert-Varshamov 界)

$$A_q(n,d) \geqslant \frac{q^n}{\sum_{i=0}^{d-1}\binom{n}{i}(q-1)^i}$$

证明　设 $M=A_q(n,d)$，则码 $C=(n,M,d)$ 应具备下列性质：任意一个 n 长向量 $y\in \mathrm{GF}(q)^n\setminus C$，必存在一个码字 $c\in C$，使得 c 与 y 的汉明距离 $d(c,y)\leqslant d-1$；否则，就可把 y 添加到 C 中得到一个含 $M+1$ 个码字的码，其最小距离也是 d，这与 M 的最大性矛盾。这样，以 C 中每个码字为中心、以 $d-1$ 为半径的那些球的并集应该正好等于所有 n 长向量的集合 $\mathrm{GF}(q)^n$。既然以每个码字为中心，以 $d-1$ 为半径的球含有

$$\sum_{i=0}^{d-1}\binom{n}{i}(q-1)^i$$

个 n 长向量，则应有

$$A_q(n,d)\left[\sum_{i=0}^{d-1}\binom{n}{i}(q-1)^i\right]=M\left[\sum_{i=0}^{d-1}\binom{n}{i}(q-1)^i\right]\geqslant q^n$$

即结论成立。□

4.2　线性码的基本概念

定义 4.2.1　如果码 $C=(n,M,d)\subset \mathrm{GF}(q)^n$ 构成有限域 $\mathrm{GF}(q)$上的向量子空间，则称 C 为 $\mathrm{GF}(q)$上的线性码，C 的任意子空间称为 C 的子码。

如果线性码 C 的维数为 k，则习惯上把它记为$[n,k,d]$码，如果不知道参数 d，则可简单地记为$[n,k]$码。这时的码字个数为 $M=q^k$。设 c 是线性码 C 的码字，称 c 中那些非零的坐标位置构成的集合为 c 的**支撑**，用 $\chi(c)$表示。支撑的大小，称为码字 c 的**汉明重量**，用 $w(c)$表示，即 $w(c)=|\chi(c)|$。线性码 C 的任意两个码字 x 与 y 的距离都可看成其码字 $x-y$ 的汉明重量，所以，一个线性码的码字之间的距离与码字的重量是一回事，这样，线性码的最小距离也可称为其最小(汉明)重量。在信道编码定理的证明中，极大似然译码方案的译码错误与所用码的码字之间的距离分布密切关联，如果所用码是线性码，码字的距离分布等价于码字的重量分布。这表明下列定义有意义。

定义 4.2.2　设 C 是$[n,k,d]$码，则参数 $A_0,A_1,A_2,\cdots,A_n$ 称为 C 的重量分布，其中，A_i 是重量等于 i 的码字个数，$0\leqslant i\leqslant n$。

两个$[n,k,d]$线性码，如果其中一个码通过坐标位的置换和坐标位乘以非零倍

数的操作后得到另一个码，则称这两个$[n,k,d]$线性码是等价的。等价的码拥有很多共性。一个显然的共性如下：

定理 4.2.1 等价的线性码有相同的重量分布。

这样，我们在确定线性码的重量分布时，即可以确定与其等价的码的重量分布。

线性码既然是向量子空间，我们就可用它的任意一组基生成它。以线性码的任意一组基为行向量构成的矩阵称为该线性码的**生成矩阵**。根据码的等价含义，一个$[n,k,d]$码 C 的生成矩阵$G_{k\times n}$ 右乘一个n 阶置换矩阵和n 阶非奇异对角矩阵后，将得到一个与 C 等价的码的生成矩阵。这样，与 C 等价的一个码的生成矩阵总可以写成如下形式：

$$(I_k, A_{k\times(n-k)})$$

其中，I_k 是 k 阶单位矩阵，$A_{k\times(n-k)}$ 是某个 $k\times(n-k)$ 矩阵。上面的矩阵形式称为码的**系统生成矩阵**。

按通常的向量内积，与线性码 C 对偶的向量子空间称为该线性码的**对偶码**，用 $C^{\perp}$ 表示。线性码的对偶码的生成矩阵也称为该线性码的**校验矩阵**。线性码的校验矩阵对一个向量是否为线性码的码字起着校验作用，因为一个向量是否为线性码的码字，完全可由这个向量是否与该线性码的对偶码的每个码字正交来判断，校验矩阵由此得名。

线性码之所以重要，源于它的线性结构能够实现检错和纠错。所谓检错和纠错，是指在数字通信中，把原始的信息编成 C 中的码字，然后，发送方发送这些码字，在发送方发送出一个码字后，如果在传送过程中，这个码字的一些坐标位置（也称码元）发生差错，则接收方可以从收到的码字检查出错误，或者进一步能纠正这些错误，从而正确译出发送方发送的码字。

线性码是最基本的纠错码。纠错码的产生源于信道编码定理。在信道编码定理的证明中，理论上已经保证了可靠编码方案的存在性，然而，这样的可靠通信基于码长要达到不可实现的程度。因而，信息论学者提出一个可行的聪明想法，就是在编码过程中加入巧妙的数学结构，使得这些结构能够检查出传输中的错误，甚至能够把传输中产生的错误纠正过来。这样的编码方案即可拥有抗干扰能力。

最简单的抗干扰编码是所谓的奇偶校验码。下面简单介绍它的工作方式：以向量$(c_1,c_2,c_3,c_4)\in \mathrm{GF}(2)^4$ 表示一组需要传送的数字信息，为了能检查出传输中的错误，我们可以对这组信息增加一个坐标位（也称冗余位）c_5，即编成码字(c_1,c_2,c_3,c_4,c_5)，使得 $\sum_{i=1}^{i=5} c_i=0$，然后再传送这个码字，当接收者收到码字时，便可通过验证 $\sum_{i=1}^{i=5} c_i=0$ 是否成立而得知传输过程是否发生了错误。当然，接收者检查出错误的前提是发生错误的坐标位置至多有一个。检查出错误的最大好处是接收者可以要求发送者重新发送信息以达到接收无误的目的。上述奇偶校验码的缺点是接收者无法判断出错误发生在哪个码元位置,因而无法纠正错误。这个缺点使得只有检错功能的码在一些实际场合无法应用,实际的例子就是现实中的一些根本不具备双向通信功能的信道,如:为了减轻人造卫星的质量,有时人造卫星只载发送设备,而不载接收设备,这时,人造卫星只能给地球上的接收站发送信号,而不能接收从地球上发回的信号。在单向信道的情形下,检错码虽然能检查出错误,但对于接收者接收正确信息没有任何帮助。所以,人们期望编码过程不仅能检查错误,还能进一步纠正错误。这样就可以避免发送方重复发送的过程。下面的例子是著名的二元汉明码(以纪念数学和计算机学家 Richard Wesley Hamming),它可以纠正一位错误。

例 4.2.1　考察由下列矩阵 G 生成的长度为 7 的 4 维线性二元码 C:

$$G=\begin{bmatrix}1&0&0&0&0&1&1\\0&1&0&0&1&0&1\\0&0&1&0&1&1&0\\0&0&0&1&1&1&1\end{bmatrix}$$

可以验证,下列矩阵:

$$H=\begin{bmatrix}0&0&0&1&1&1&1\\0&1&1&0&0&1&1\\1&0&1&0&1&0&1\end{bmatrix}$$

是 C 的校验矩阵。注意到 H 的各列正好是列指标 1,2,3,4,5,6,7 的二进制表示。既然 H 的任意两列线性无关,而存在三个列,比如:1,2,3 列,线性相关,所以,C 是一个[7,4,3]码。现在,如果用 C 传输 4 位的二元信息串,即把

$$(x_1,x_2,x_3,x_4)\in \mathrm{GF}(2)^4$$

编成 7 位长的码字

$$\begin{aligned}c&=(x_1,x_2,x_3,x_4)G\\&=(x_1,x_2,x_3,x_4,x_2+x_3+x_4,x_1+x_3+x_4,x_1+x_2+x_4)\end{aligned}$$

后,再进行传输,传输中假如发生错误的位不超过一个并假设第 i 位发生差错,此时,接收者收到的二元串即可写成 $b=c+e_i$,其中 $e_i\in \mathrm{GF}(2)^7$ 且第 i 位是 1,其他坐标位均为 0。接收者收到 b 后即可进行运算 Hb^{T} 以检查传输中是否有错,运算的结果是

$$Hb^{\mathrm{T}}=H(c+e_i)^{\mathrm{T}}=Hc^{\mathrm{T}}+He_i^{\mathrm{T}}=He_i^{\mathrm{T}}=H_i$$

式中,b^{T} 代表 b 的转置,H_i 代表矩阵 H 的第 i 列。于是,接收者便知道传输中发生了错误,并根据计算结果得知错误发生的位置是第 i 个坐标位,接收者只需把第 i 个坐标位更正即可得到正确的码字。

如果发生两位错误,码 C 能否纠正呢?假如码字 c 在传输中发生了两位错误,发生错误的是 i_1 和 i_2 两个位置,则接收者收到的二元串可写成

$$b = c + e_{i_1} + e_{i_2}$$

接收者类似地计算得到：

$$\begin{aligned} Hb^{\mathrm{T}} &= H(c + e_{i_1} + e_{i_2})^{\mathrm{T}} \\ &= Hc^{\mathrm{T}} + He_{i_1}^{\mathrm{T}} + He_{i_2}^{\mathrm{T}} \\ &= He_{i_1}^{\mathrm{T}} + He_{i_2}^{\mathrm{T}} \\ &= H_{i_1} + H_{i_2} \end{aligned}$$

但由于矩阵 H 的各列包括了所有非零二进制数，因而 $H_{i_1} + H_{i_2}$ 一定与 H 中的某个其他列相等，不妨假设

$$H_{i_1} + H_{i_2} = H_{i_3}$$

于是，接收者根据原来的纠正方法，会把第 i_3 个位置进行纠正，但这时就无法正确译码了。这说明，例子中的码 C 不能纠正两个错误。

分析不能纠正两个错误的原因，就在于等式

$$H(e_{i_1} + e_{i_2} + e_{i_3})^{\mathrm{T}} = 0$$

成立，或者说

$$e_{i_1} + e_{i_2} + e_{i_3} \in C$$

是个码字。这个事实使得 $c + e_{i_1} + e_{i_2} + e_{i_3}$ 也是个码字，从而接收者收到的二元串 $b = c + e_{i_1} + e_{i_2}$ 和码字 c 及码字 $c + e_{i_1} + e_{i_2} + e_{i_3}$ 的汉明距离均不超过 2；之所以限定传输过程中不超过一个错误，根本就在于接收者收到的二元串如果只发生一位错误，则因 C 的最小距离是 3，使得这个二元串只能与唯一的一个码字的汉明距离是 1，从而接收者就能把这个二元串纠正成这个码字。实际上，这也是信道编码定理证明中极大似然译码方法错误概率的计算依据。我们期望，当发生错误位的个数是 t 时，收到的串只和唯一的码字的汉明距离是 t，或者说，以每个码字为中心、以 t 为半径的那些球互不相交。这样，每当收到的串的错误不超过 t 位时，接收者就总能把这个串纠正成与它的距离不超过 t 的那个唯一的码字。根据上面的分析，一个码 C 能够纠正的最大错误个数 t 显然与 C 的最小距离 d 密切关联，且

$$t = \left\lfloor \frac{d-1}{2} \right\rfloor \tag{4.2.1}$$

此例中就是因为码 C 的最小距离是 3，所以能够纠正

$$t = \left\lfloor \frac{3-1}{2} \right\rfloor = 1$$

位错误。

既然线性码的纠错能力与其最小距离有式(4.2.1)的关系，自然最小距离越大，其纠错能力就越强。所以，寻找最小距离尽可能大的线性码是编码理论中极其令人感兴趣的事情。自然联想到的问题就是：在所有 $[n,k]$ 码中，最小距离的上界是多

少？是否有达到这个上界的$[n,k]$码？如果有这种码，那么这种码多吗？如何构造这些码？这些问题，就是下一节重点讨论的达到 Singleton 界的极大距离可分码，即 MDS 码。

4.3 极大距离可分码

在 4.2 节中，我们已经注意到拥有尽可能大的最小距离的线性码在通信过程中的重要意义，给定$[n,k]$码后，寻找最小距离 d 的上界可以从上文中的 Singleton 界得到。对任何$[n,k]$码，利用定理 4.1.1 得：

$$q^k \leqslant q^{n-d+1}$$

上式重新改写即为线性码的 Singleton 界：

$$d \leqslant n-k+1$$

任何满足 $d=n-k+1$ 的$[n,k,d]$码都被称为(线性)MDS 码。一个$[n,k,d]$码是 MDS 码可以由它的生成矩阵给出判别规则。

定理 4.3.1 设 $k \times n$ 矩阵 G 是$[n,k]$码 C 的任一生成矩阵，则 C 是 MDS 码的充分必要条件是：G 的任意 k 阶子式均非零。

证明 设 G 中存在一个 k 阶零子式，不妨设 G 的前 k 列是零子式，则存在非零的向量 $x=(x_1,\cdots,x_k)$ 使得 x 与 G 的前 k 列的内积均为零。写成矩阵运算即为

$$xG=(x_1,\cdots,x_k)G=(0,\cdots,0,*,\cdots,*)$$

于是，非零码字 xG 的(汉明)重量最多是 $n-k$，与 $d=n-k+1$ 矛盾。因此，G 的任意 k 阶子式都非零，也即 C 的任意非零码字的重量均不小于 $n-k+1$，但 Singleton 界为 $d \leqslant n-k+1$，所以只能有 $d=n-k+1$。□

例 4.3.1 以集合

$$\{\alpha_1,\cdots,\alpha_q\}$$

表示有限域 GF(q)中的 q 个元素。设 $k \leqslant q$，考虑矩阵 G 为

$$G=\begin{bmatrix} 1 & 1 & \cdots & 1 \\ \alpha_1 & \alpha_2 & \cdots & \alpha_q \\ \alpha_1^2 & \alpha_2^2 & \cdots & \alpha_q^2 \\ \vdots & \vdots & & \vdots \\ \alpha_1^{k-1} & \alpha_2^{k-1} & \cdots & \alpha_q^{k-1} \end{bmatrix}$$

则利用定理 4.3.1 和范德蒙行列式的基本结论可知：G 生成一个$[q,k]$MDS 码。

推论 4.3.1 $[n,k]$码 C 是 MDS 码，当且仅当 $C^{\perp}$ 是 MDS 码。

证明 设 G 是 C 的一个生成矩阵。$(n-k) \times n$ 矩阵 H 是 C 的校验矩阵，也即 $C^{\perp}$ 的生成矩阵。如果 C 是 MDS 码，则根据定理 4.3.1 知：G 的任意 k 阶子式非零。

利用这个事实，可以验证任意非零码字

$$y = (y_1, \cdots, y_n) \in C^{\perp}$$

满足下列条件：

$$w(y) \geqslant k + 1$$

否则，如果某个 $y \in C^{\perp}$ 的汉明重量 $w(y) \leqslant k$，则因

$$Gy^{\mathrm{T}} = 0$$

所以，y 的那些支撑位对应的那些 G 的列线性相关，这与 G 的任意 k 阶子式非零矛盾。因而，$C^{\perp}$ 中的任意非零码字 y 满足：$w(y) \geqslant k+1$。又因为 $C^{\perp}$ 是$[n, n-k]$码，而其最小距离满足 Singleton 界，即最小距离不超过

$$n - (n - k) + 1 = k + 1$$

所以，$C^{\perp}$ 的最小距离恰好是 $k+1$，因而是 MDS 码。注意到矩阵 G 和 H 的对称性，故可得结论。 □

由推论 4.3.1 可知：码 C 的校验矩阵也可用来判别 C 是否为 MDS 码，即如下推论：

推论 4.3.2 设 H 是$[n,k]$码 C 的校验矩阵，则 C 是 MDS 码当且仅当 H 的任意 $n-k$ 阶子式非零。

根据 4.2 节中提到的等价码有相同的重量分布的事实，我们立刻知道：如果一个码是 MDS 码，则与其等价的码也一定是 MDS 码。选择与码 C 等价的、由系统生成矩阵生成的码，用系统生成矩阵判别该码是否为 MDS 码的判别方法可叙述如下：

推论 4.3.3 设$[n,k]$码 C 是由系统生成矩阵

$$(I_k, A_{k \times (n-k)})$$

生成的 q 元码，则 C 是 MDS 码的充要条件是：子矩阵 $A_{k \times (n-k)}$ 的任意 r 阶子式 S 都非零，特别地，$A_{k \times (n-k)}$ 中每个元素均非零，其中 $1 \leqslant r \leqslant \min\{k, n-k\}$。

证明 对任意选定的 $A_{k \times (n-k)}$ 的 r 阶子式 S，总可以在前面的 k 阶单位阵 I_k 中选择 $k-r$ 列，使得这 $k-r$ 列和 S 所在的列构成的 k 阶子式就等于子式 S 或 S 的相反数，既然根据定理 4.3.1 知系统生成矩阵的任意 k 阶子式都非零，那么便得到 S 也非零。 □

由推论 4.3.3 知，对于任意的 $k(\geqslant 2)$ 维二元码，MDS 码的系统生成矩阵只有 I_k 和$(I_k, \mathbf{1})$这两种平凡形式，即码长 n 和维数 k 满足

$$n - k \leqslant 1$$

其中，$\mathbf{1}$ 代表分量全为 1 的 k 维列向量。这也表明 MDS 码并不多，尤其没有非平凡的二元 MDS 码。那么对于一般的 q 元码，MDS 码的存在情况怎么样呢？实际上任意 q 元码，也有类似于二元码的结论，MDS 码并不多。我们给出下列一般的结果。

定理 4.3.2 对任意 $2 \leqslant k \leqslant n-q$，没有非平凡的 q 元$[n,k]$MDS 码。或等价的，任意$[n,k]$MDS 码都满足：

$$n \leqslant k + q - 1$$

证明 设 C 是$[n,k]$MDS 码，不妨设它的生成矩阵为系统矩阵形式，即

$$(I_k, A_{k\times(n-k)})$$

由推论 4.3.3 知，$A_{k\times(n-k)}$ 中每个元素均非零。由码的等价关系，不妨进一步假设 $A_{k\times(n-k)}$ 的第一行元素都是 1，此时，由于 $n-k\geqslant q$，因此 $A_{k\times(n-k)}$ 的第二行中存在两个相同的非零元素，于是这两个相同的非零元素与 $A_{k\times(n-k)}$ 的第一行对应元素 1 就形成了一个等于零的二阶子式，这与推论 4.3.3 矛盾。因此，对于任何 MDS 码，均有 $n-k\leqslant q-1$。

推论 4.3.1 与定理 4.3.2 的结合可以得到 MDS 码存在的一个更完整的必要条件，即下列定理。

定理 4.3.3 如果 C 是 q 元$[n,k]$MDS 码，则必有

$$n - q + 1 \leqslant k \leqslant q - 1$$

或者等价于

$$2 \leqslant k \leqslant q - 1 \quad 且 \quad 2 \leqslant n - k \leqslant q - 1$$

虽然 MDS 码有最优的纠错性能，是“好”码，但定理 4.3.3 指出了 MDS 码存在的苛刻条件，使得 MDS 码的构造非常困难，目前知道的 MDS 码并不多。这对于广泛应用是不利的方面，所以，实际中，我们往往期望限制条件可以比 MDS 码稍弱一些，但也有较大的最小距离的码，希望这样的准好码更多一些。要定义这样一些码，可以分析一下 MDS 码的特点。由于 MDS 码的对偶码也是 MDS 码，因此一个 MDS 码与它的对偶码的最小距离之和在码长为 n 的码中是极大的，更具体的，如果以 $d(C)$和 $d(C^{\perp})$分别表示 C 和 $C^{\perp}$ 的最小距离，则有以下定理。

定理 4.3.4 C 是$[n,k]$MDS 码的充要条件为

$$d(C) + d(C^{\perp}) = n + 2$$

证明 如果 C 是 MDS 码，则

$$d(C) + d(C^{\perp}) = n + 2$$

反之，如果

$$d(C) + d(C^{\perp}) = n + 2 \quad 且 \quad d(C) < n - k + 1$$

则 $d(C^{\perp})>k+1$，与 Singleton 界矛盾，所以，$d(C)=n-k+1$，即 C 是 MDS 码。□

定理 4.3.4 带来的启示是：要寻找条件宽一些的码，可以适当减弱该定理中的条件。把条件减弱为

$$d(C) + d(C^{\perp}) = n + 1$$

怎么样呢？不难看出下列结论：

命题 4.3.1 满足下列条件：

$$d(C) + d(C^{\perp}) = n + 1$$

的$[n,k]$码 C 不存在。

证明 首先根据定理 4.3.4 知,C 不是 MDS 码,因此

$$d(C) \leqslant n-k$$

如果

$$d(C)=n-k$$

此时,

$$d(C^{\perp})=k+1$$

因而是 MDS 码,从而 C 也是 MDS 码,矛盾。但如果

$$d(C)<n-k$$

又得到

$$d(C^{\perp})>k+1$$

与 Singleton 界又矛盾。所以,满足条件的码 C 不存在。 □

这样,可以考虑把条件进一步减弱为

$$d(C)+d(C^{\perp})=n \tag{4.3.1}$$

对等式(4.3.1)做进一步分析:如果

$$d(C)=n-k+1$$

则 C 从而 $C^{\perp}$ 是 MDS 码,因而根据定理 4.3.4 可知,等式(4.3.1)不可能成立。如果

$$d(C) \leqslant n-k-1$$

此时由等式(4.3.1)推得:

$$d(C^{\perp}) \geqslant k+1$$

再根据 $C^{\perp}$ 满足的 Singleton 界可知,$C^{\perp}$ 是 MDS 码;再次根据定理 4.3.4 可知,等式(4.3.1)不可能成立。以上的分析告诉我们如下事实:等式(4.3.1)成立的充分必要条件为

$$d(C)=n-k, \quad d(C^{\perp})=k \tag{4.3.2}$$

对于条件式(4.3.2),可用[n,k]码 C 的生成矩阵等价描述。

定理 4.3.5 设 G 是[n,k]码 C 任意一个生成矩阵,则 C 满足条件式(4.3.2)的等价说法是:①G 的任意 $k-1$ 列线性无关;②存在 G 的 k 个列线性相关;③G 的任意 $k+1$ 列的秩都等于 k。

证明 如果 C 满足条件式(4.3.2),但 G 中存在 $k-1$ 列线性相关,不妨设 G 的前 $k-1$ 列线性相关,则必存在

$$y=(y_1,\cdots,y_{k-1},0,\cdots,0) \in \mathrm{GF}(q)^n$$

即 y 的前 $k-1$ 个坐标不全为零,而之后的坐标均为零,使得

$$Gy^{\mathrm{T}}=0$$

这表明

$$y \in C^{\perp} \quad 且 \quad w(y) \leqslant k-1$$

这与 $d(C^{\perp})=k$ 显然是矛盾的,因而①成立。$d(C)=n-k$ 的条件保证了②成立。

如果 G 中存在 $k+1$ 列，不妨设前 $k+1$ 列，其秩小于 k，则必存在非零向量

$$x=(x_1,\cdots,x_k)$$

使得：

$$xG=(0,\cdots,0,*,\cdots,*)$$

即 xG 是前 $k+1$ 个坐标均为零的非零码字，这与 $d(C)=n-k$ 矛盾，从而③也成立。

反之，利用条件②和③及上面类似的方法可得：

$$d(C)=n-k$$

条件①和②又保证了

$$d(C^{\perp})=k$$

因而，条件式(4.3.2)成立。 □

定理 4.3.5 给出的描述，使得我们可以把 C 中拥有最小重量 $n-k$ 的码字与 $C^{\perp}$ 中拥有最小重量 k 的码字建立起联系，即利用 C 的生成矩阵可以建立下列关系：

命题 4.3.2　如果 $[n,k]$ 码 C 满足条件式(4.3.2)，则在 C 的最小重量码字集合与 $C^{\perp}$ 中的最小重量码字集合之间存在一一对应关系，使得互相对应的码字的支撑位恰好互补。

证明　设 C 的生成矩阵为 G，注意到 C 中每个有最小重量 $n-k$ 的码字 c 可以写成

$$c=xG$$

根据定理 4.3.5，G 满足条件①和②，于是 c 为零的那些坐标位对应着 G 中秩为 $k-1$ 的一个 k 阶子式，利用这个事实，即可以找到

$$y=(y_1,\cdots,y_n)\in C^{\perp}$$

使得 y 的支撑位恰好对应着上述 G 中的 k 阶子式所在的 k 个列，且这样的 y 的个数和码字 c 的个数相等。显然 $w(y)=k$，把 $c\in C$ 对应到 $y\in C^{\perp}$，这个对应关系就满足所要求的条件。 □

由条件式(4.3.2)对 C 和 $C^{\perp}$ 的对称性，也可等价地用 C 的校验矩阵描述条件式(4.3.2)，描述如下：

定理 4.3.6　设 H 是 $[n,k]$ 码 C 任意一个校验矩阵，则 C 满足条件式(4.3.2)的等价说法是：①H 的任意 $n-k-1$ 列线性无关；②存在 H 的 $n-k$ 个列线性相关；③H 的任意 $n-k+1$ 列的秩都等于 $n-k$。

定义 4.3.1　称满足条件式(4.3.2)，或满足定理 4.3.5 条件，或满足定理 4.3.6 条件的码为近 MDS 码(Near-MDS)。

以上结果的自然推论如下：

推论 4.3.4　$[n,k]$ 码 C 是近 MDS 码，当且仅当 $C^{\perp}$ 是近 MDS 码。

近 MDS 码是由 Dodunekov 和 Landgev 于 1995 年提出的，Dodunekov 和 Landgev 证明了非平凡的二元近 MDS 码的存在，并对这些二元近 MDS 码做了等价分类。他

们还指出，一个 q 元$[n,k]$近 MDS 码的码长上界为 $2q+k$，并给出了达到上界的码的具体例子。同时说明可构造任意满足条件

$$n \leqslant q + \lceil 2\sqrt{q} \rceil$$

的 q 元$[n,k]$近 MDS 代数几何码，细节内容可参考文献[4]和文献[14]。这些工作极大地丰富了强纠错能力码的范围，为广泛应用提供了可行性。另外，近 MDS 码也与 MDS 码一样，与组合设计学科密切相关，实际上，把近 MDS 码的生成矩阵或校验矩阵的列看成射影空间的点，利用其生成矩阵或校验矩阵的描述，即可把这种码与组合设计的概念关联起来。在第 5 章还将介绍 MDS 码和近 MDS 码在信息安全中的重要应用。

作为本章的结束内容，这里给出 MDS 码的重量分布。一般来说，一个码的重量分布是很难确定的，但基于 MDS 码生成矩阵的显著特征，我们可以讨论其重量分布。首先由定理 4.3.1 可知：$[n,k]$MDS 码的生成矩阵 G 的任意 $k-1$ 列线性无关，因此任意取定 $k-1$ 列后，对应这些列的位置为零的码字，即汉明重量为最小重量 $n-k+1$ 的码字个数是 $q-1$。所以，最小重量的码字个数为

$$\begin{aligned} A_{n-k+1} &= (q-1)\binom{n}{k-1} \\ &= (q-1)\binom{n}{n-k+1} \end{aligned}$$

接下来计算重量为 $n-k+2$ 的码字个数 A_{n-k+2}。在生成矩阵中任意取定 $k-2$ 列，则对应这 $k-2$ 列位置为零的非零码字个数是 q^2-1，这些码字的支撑位在余下的 $n-k+2$ 个位置上。这 $n-k+2$ 个位置中每 $n-k+1$ 个位置都对应着 $q-1$ 个最小重量码字，取定生成矩阵的 $k-2$ 列后，得到的重量为 $n-k+2$ 的码字个数为

$$q^2-1-\binom{n-k+2}{1}(q-1)$$

因此，重量为 $n-k+2$ 的码字总数为

$$\begin{aligned} A_{n-k+2} &= \left[q^2-1-\binom{n-k+2}{1}(q-1)\right]\binom{n}{k-2} \\ &= \left[q^2-1-\binom{n-k+2}{1}(q-1)\right]\binom{n}{n-k+2} \\ &= (q-1)\left[q+1-\binom{n-k+2}{1}\right]\binom{n}{n-k+2} \\ &= (q-1)\left[q-\binom{n-k+1}{1}\right]\binom{n}{n-k+2} \end{aligned}$$

再计算重量为 $n-k+3$ 的码字个数。在生成矩阵中取定 $k-3$ 列后，对应这些列的坐标位置为零的非零码字个数是 q^3-1。利用上面计算已得到的取定 $k-1$ 列和 $k-$

2 列后重量分别为 $n-k+1$ 和 $n-k+2$ 的码字个数，可知取定 $k-3$ 列后，支撑位为余下 $n-k+3$ 个坐标位的码字个数为

$$q^3-1-\binom{n-k+3}{1}\left[q^2-1-\binom{n-k+2}{1}(q-1)\right]-\binom{n-k+3}{2}(q-1)$$
$$=(q-1)\left[q^2-\binom{n-k+2}{1}q+\binom{n-k+2}{2}\right]$$

所以，重量为 $n-k+3$ 的码字总数为

$$A_{n-k+3}=(q-1)\left[q^2-\binom{n-k+2}{1}q+\binom{n-k+2}{2}\right]\binom{n}{n-k+3}$$

类似的，可以计算重量为 $n-k+4$ 的码字总数为

$$A_{n-k+4}=(q-1)\left[q^3-\binom{n-k+3}{1}q^2+\binom{n-k+3}{2}q-\binom{n-k+3}{3}\right]\binom{n}{n-k+4}$$

一般的，我们可以用数学归纳法证明以下的重量分布公式(留作习题)：

定理 4.3.7 设 C 是 q 元 $[n,k]$MDS 码，以 A_w 表示 C 中重量为 w 的码字个数，则 A_w 满足以下公式：

$$A_w=(q-1)\left[\sum_{j=0}^{w-n+k-1}(-1)^j\binom{w-1}{j}q^{w-n+k-1-j}\right]\binom{n}{w}$$

对于 q 元 $[n,k]$ 近 MDS 码 C，重量分布不像 MDS 那样明确，但如果知道 C 的最小重量为 $n-k$ 的码字个数，同样可以利用定理 4.3.5 中对近 MDS 码生成矩阵的描述，经过稍微烦琐的计算(证明留作习题)，得到如下结论：

定理 4.3.8 设 C 是 q 元 $[n,k]$ 近 MDS 码，以 A_w 表示 C 中重量为 w 的码字个数，则 A_w 满足以下公式：

$$A_w=\left[\sum_{j=0}^{w-n+k-1}(-1)^j\binom{w}{j}(q^{w-n+k-j}-1)\right]\binom{n}{w}+(-1)^{w-n+k}\binom{k}{w-n+k}A_{n-k}$$

本章介绍了拥有最简单线性结构的线性码，即构成有限域上的向量空间的码，对于码(线性或非线性)的界也做了简单介绍，达到各类界的码在实际应用中都是某个方面最优的码类。这些码类非常多，限于篇幅，我们只介绍了完备码及达到 Singleton 界的线性码，即 MDS 码。但每一类最优码类中所含最优码的数量却很少，所以，编码理论的重要内容是一方面构造这些最优码，另一方面寻找准最优码。本章介绍的近 MDS 码就是性能接近 MDS 码的一类好码，相对容易构造，数量也比 MDS 码多得多。本章主要参考了文献[4]、[6]、[10]、[12]、[14]。

汉明生平简介　汉明，于 1915 年 2 月 11 日生于美国伊利诺伊州的芝加哥，1998 年 1 月 7 日病逝。1937 年，汉明于芝加哥大学获得学士学位，1939 年获得内布拉斯加大学硕士学位。1942 年获得伊利诺伊大学香槟分校数学博士学位。汉明于 1968 年获得 ACM 图灵奖，1980 年被评为美国工程院院士，IEEE 协会于 1986 年设立以其名字命名的汉明奖，以奖励在信息科学、系统科学和技术做出杰出贡献的科学家。汉明一生贡献卓越，主要成就包括：提出汉明码、汉明重量、汉明距离等重要概念，以及汉明数、球填充等重要方法。他也是美国电脑协会的创立人之一，曾担任该协会的主席。他是 1956 年发展 IBM 650 编程语言的主要参与者。

练习题

1. 验证本章式(4.1.1)给出的那些码是完备码。

2. 等重码是指码中的所有非零码字都有相同的汉明重量。证明例 4.2.1 中给出的汉明码的对偶码是等重码。

3. 证明：一个$[n,k,d]$码是 MDS 码的充分必要条件是：对任意给定的 d 个坐标位，存在一个最小重量码字，其支撑位恰好是这 d 个给定的坐标位。

4. 证明：如果 q 是奇数且 $k\geqslant 3$，则任意非平凡 q 元$[n,k]$MDS 码均满足 $n\leqslant q+k-2$。

5. 请验证下列事实：如果 $k>2q$，则任意$[n,k]$近 MDS 码满足 $n\leqslant k+1$。

6. 试用数学归纳法验证定理 4.3.7。

7. 证明定理 4.3.8。

8. 证明：如果 $n>k+q$，则任意 q 元$[n,k,n-k]$码均为近 MDS 码。

9. 证明：如果 $n>k+q$，则$[n,k]$近 MDS 码由其最小重量码字生成。

10. 试对所有二元近 MDS 码做等价分类。

第 5 章　线性码和信息安全

本章将阐述一般线性码与信息安全的密切关系，并介绍线性码在一类以陪集译码方案为基础的第二类窃密信道上的具体应用。首先介绍基于陪集译码方案的第二类窃密信道。这类信道最初由贝尔实验室的学者基于通信工程背景提出。其后该信道吸引了众多的信息论学者的关注，当前这方面的研究工作已推广到以网络编码方案为基础的网络第二类窃密信道上。现在假设 q 元$[n,k]$线性码 C 以 G 为生成矩阵($k\times n$)，发送方想发送的信息串(或称为数据串)是

$$r=(r_1,\cdots,r_k)\in \mathrm{GF}(q)^k$$

所谓陪集译码方案是指把下列方程组：

$$Gx^{\mathrm{T}}=r^{\mathrm{T}} \tag{5.0.1}$$

中任意一个解向量 x 随机地选择为信息串 r 编成的码字，然后发送到信道传输；其中 $x\in \mathrm{GF}(q)^n$，x^{T} 代表向量 x 的转置。

现在假设信道传输中有第三方窃听，并且为简单起见，假设信道没有噪声，信息串 r 的选择是随机等概率的。我们关心的问题是：如果窃听者能够窃听到传输码字的任意 $u\leqslant n$ 个坐标位，并且也知道发送方的编码方案，那么他在得到 u 个坐标位后设法猜测传送的码字，他猜中的可能性有多大？或者说，他对传送的数据还有多少不确定性？窃听者得到的数据和码 C 有什么关系？如何选择码 C 使窃听者获得的数据尽可能少？这些问题体现了编码与信息安全的密切联系。要回答这些问题，需要先介绍一些记号。

5.1　码 C 与窃听者获取的数据的关系

记窃听者窃听到的坐标位集合为 J，则

$$J\subset I=\{1,2,\cdots,n\}$$

定义

$$C_J=\{c\in C:\chi(c)\subset J\}$$

其中，$\chi(c)$与第 4 章相同，代表码字 c 的支撑集。由定义，容易验证 C_J 是 C 的子码。

对于同样的坐标位子集 J 和码字 $c=(c_1,\cdots,c_n)$，再定义

$$P_J(c)=(v_1,\cdots,v_n)$$

其中，$v_i=c_i$，如果 $i\in J$；而 $v_i=0$，如果 $i\notin J$。

定义

$$P_J(C)=\{P_J(c):c\in C\}$$

则也可验证 $P_J(C)$是一个线性码，并且下列基本关系成立：

$$\dim C_J+\dim P_{I\setminus J}(C)=\dim C \tag{5.1.1}$$

$$\dim C_J+\dim P_J(C^{\perp})=|J| \tag{5.1.2}$$

$$(\text{因为}(C_J)^{\perp}=P_J(C^{\perp}))$$

注意到，陪集译码方案是在传送数据串 r 时，在对应的方程组的解集中等概率地选择一个解向量作为码字传送，即在 $C^{\perp}$ 的一个陪集中等概率选择一个向量发送。所以，窃听者窃取 u 个坐标位后，只要设法猜测出传送的码字在哪一个 $C^{\perp}$ 的陪集中即可。根据陪集译码方案，窃听者窃听到 u 个坐标位的向量落在可能的 $C^{\perp}$ 那些陪集中的每一个的概率都相等。因此，要计算窃听者对所传送码字的不确定性，即窃听到 u 个坐标位后的条件熵，只需简单计算出被窃听到 u 个坐标位的码字可能所在的陪集数目即可。

记被窃听到 u 个坐标位的所有可能的向量集合为 S，则 S 所含的向量个数为

$$|S|=q^{n-u}$$

对任意的 $x\in S,y\in S$，如果 x,y 属于同一个 $C^{\perp}$ 的陪集，则根据式(5.0.1)可得：

$$Gx^{\mathrm{T}}=Gy^{\mathrm{T}}$$

即

$$G(x^{\mathrm{T}}-y^{\mathrm{T}})=G(x-y)^{\mathrm{T}}=0$$

不妨设窃听到的 u 个坐标位是 n 个坐标位的前 u 个，即

$$J=\{1,\cdots,u\}$$

则 $x-y$ 的前 u 个坐标为零。这表明，一个 $C^{\perp}$ 的陪集如果包含 S 中的元素，则它包含的 S 中元素的个数等于方程组

$$Gz^{\mathrm{T}}=0$$

解向量的个数，其中解向量 z 的形式为

$$z=(0,\cdots,0,*,\cdots,*)$$

即 z 的前 u 个坐标都为零。由式(5.1.2)，这样的解向量 z 构成的向量空间维数为

$$n-u-\dim P_{I\setminus J}(C)$$

其中，

$$I\setminus J=\{u+1,\cdots,n\}$$

所以，如果一个 $C^{\perp}$ 的陪集包含 S 中的元素，则它包含的 S 中元素的个数等于

$$q^{n-u-\dim P_{I\setminus J}(C)} \tag{5.1.3}$$

于是，S 中的向量落入 $C^{\perp}$ 的陪集个数为

$$\frac{|S|}{q^{n-u-d_i m P_{I\setminus J}(C)}}=\frac{q^{n-u}}{q^{n-u-\dim P_{I\setminus J}(C)}}=q^{\dim P_{I\setminus J}(C)}$$

如前述，被窃听到 u 个坐标位的码字落入这些陪集中的每一个的概率都相同，即上面这些陪集每一个发生的概率都为

$$\frac{1}{q^{\dim P_{I\setminus J}(C)}}$$

因而，窃听到 u 个坐标位后，窃听者仍存有的不确定性，即条件熵为

$$\sum_{i=1}^{i=q^{\dim P_{I\setminus J}(C)}}\frac{1}{q^{\dim P_{I\setminus J}(C)}}\log_q\frac{1}{\frac{1}{q^{\dim P_{I\setminus J}(C)}}}=\log_q q^{\dim P_{I\setminus J}(C)}=\dim P_{I\setminus I}(C)$$

又因为输入的数据串

$$r=(r_1,\cdots,r_k)\in \mathrm{GF}(q)^k$$

是等概率的，即概率均为

$$\frac{1}{q^k}$$

因而，输入数据串（看成随机向量）带来的熵为

$$\sum_{i=1}^{i=q^k}\frac{1}{q^k}\log_q\frac{1}{\frac{1}{q^k}}=k=\dim C$$

所以，窃听者窃听到 J 代表的 u 个坐标位后所能获得的信息量，或者说窃听到的数据（即互信息）为

$$\begin{aligned}&k-\dim P_{I\setminus J}(C)\\=&\dim C-\dim P_{I\setminus J}(C)\\=&\dim C_J\quad(\text{源于式(5.1.1)})\end{aligned}$$

以上结论说明了窃听者窃听到 J 代表的那些坐标位后，他所能得到的传输数据是 $\dim C_J$，这个结果表明，当 C 用于第二类窃密信道时，子码 C_J 对于码 C 的性能有着决定性作用。编码者为了信息尽可能安全，应该选择 C 使得在

$$\dim C_J$$

确定的情况下，$|J|$ 尽可能大，这样，窃听者为了获取同样多的数据，就不得不付出更大的代价。这个事实启发下列定义：

定义 5.1.1　设 C 是 $[n,k,d]$ 码，对于任意 $1\leqslant i\leqslant k$，称参数

$$d_i=\min\{|J|:\dim C_J=i\}$$

为码 C 的广义汉明重量。

既然 d_1 代表了一维子码的最小支撑集的大小，所以 d_1 恰好就是码 C 的最小重量 d；这也是广义汉明重量名称的由来。该定义也说明了一个 $[n,k,d]$ 码中的最小

重量 d 不但是该码纠错能力的衡量参数，也是信息传输中信息安全的衡量参数。对于一个$[n,k]$码，广义汉明重量越大，越能保证信息的安全。

如果对某个坐标位子集 J_i 有 $d_i=J_i$，则可以选择一个码字 $c\in C_{J_i}$，使得 c 在某个属于坐标位 J_i 的坐标非零，于是利用 C_{J_i} 是线性子码，可以把 C_{J_i} 的其他码字通过与码字 c 作适当的线性运算而使它们在 c 的该非零坐标位上都变成零，于是这些码字会构成 C_{J_i} 的一个维数降 1 的子码。该子码的每个码字的支撑集都落在 J_i 的一个真子集中。由此得到：

$$d_i-1<|J_i|=d_i$$

于是，广义汉明重量满足下列定理。

定理 5.1.1 对任何$[n,k,d]$码，

$$d=d_1<d_2<\cdots<d_k$$

都成立。

如果$[n,k,d]$码所有码字的某个坐标位均为零，或者说其生成矩阵 G 有零列，那么此时这个零坐标位在第二类窃密信道的应用中是平凡的，因而可忽略这个坐标位，基于这样一个事实，我们总可假定生成矩阵没有零列，于是广义汉明重量参数 d_k 和码长 n 总满足

$$d_k=n$$

由此，立刻得到下列结论：

定理 5.1.2 如果 C 是$[n,k]$MDS 码，则其广义汉明重量为

$$d_i=n-k+i$$

定理 5.1.2 显然给出了任意$[n,k]$线性码的广义汉明重量所能达到的上界，而 MDS 码是所有$[n,k]$码中能达上界的码，因而$[n,k]$MDS 码是用于第二类窃密信道中所有$[n,k]$码中的最优者。

还可以利用更一般的子码稍微改变一下广义汉明重量的定义形式。首先，对于任意$[n,k]$码 C 及 i 维子码 D，定义 D 的支撑集为

$$\chi(D)=\bigcup_{c\in D}\chi(c)$$

定义 D 的支撑重量为

$$w(D)=|\chi(D)|$$

显然，子码的支撑重量是码字汉明重量的推广，利用子码的支撑重量，广义汉明重量可定义为

$$d_i=\min\{w(D):D\text{ 是 }i\text{ 维子码}\} \tag{5.1.4}$$

这是因为广义汉明重量的严格单调性首先可以用来把广义汉明重量改写为

$$d_i=\min\{|J|:\dim C_J\geqslant i\}$$

于是，对于具有最小支撑重量的一个 i 维子码 D_0，下列关系成立：

$$w(D_0)=|\chi(D_0)|=w(C_{\chi(D_0)})\quad\text{且}\quad\dim C_{\chi(D_0)}\geqslant i$$

于是，$d_i \leqslant w(D_0)$；反之，$d_i \geqslant w(D_0)$由定义显然成立。所以，定义式(5.1.4)成立。

广义汉明重量和第二类窃密信道展示了线性子码的支撑重量的重要意义，这使得线性码的子码的支撑重量的分布与码字的重量分布一样，成为线性码的关键参数之一。虽然一般线性码的子码的支撑重量分布很难确定，但对于 MDS 码是可以计算的，我们把 MDS 码子码的支撑重量分布留作练习。

虽然一个$[n,k]$MDS 码是用于第二类窃密信道所有$[n,k]$码中的最优者，但如第 4 章所述，MDS 码不多，其参数之间的制约条件非常苛刻。所以，出于应用的考虑，第 4 章介绍了弱于 MDS 码的近 MDS 码。近 MDS 码也是纠错能力很强的一类码，并且数量比 MDS 码多得多。那么，近 MDS 码用在第二类窃密信道上怎么样呢？下面讨论一下近 MDS 码的广义汉明重量。如果$[n,k,d]$码 C 是近 MDS 码，则其第一个广义汉明重量参数 d_1 显然是

$$d_1 = d = n - k$$

于是，由定理 5.1.1 及

$$d_2 \leqslant n - k + 2$$

可知，d_2 只能在 $n-k+1$ 和 $n-k+2$ 中取值。如果

$$d_2 = n - k + 1$$

则可设 C 的生成矩阵为 G，且二维子码 $D_2 \subset C$ 满足

$$w(D_2) = n - k + 1$$

我们可以把 D_2 的一个生成矩阵写为

$$X_{2\times k}G$$

于是，矩阵 $X_{2\times k}$ 的两个线性无关的行必然与 G 中 $k-1$ 个列正交，这与第 4 章定理 4.3.5 已说明 G 的任意 $k-1$ 列均线性无关矛盾。因而只能是 $d_2 = n-k+2$，从而 $d_i = n-k+i$，对任意的 $k \geqslant i \geqslant 3$.

这说明，近 MDS 码用在第二类窃密信道中是仅弱于 MDS 码的一类准最优码，所以，无论纠错能力，还是在信息安全方面，近 MDS 码和 MDS 码都是重要的码类。

类似的，可以计算近 MDS 码子码的支撑重量分布，把它也作为本章习题。

5.2 相对广义汉明重量

第二类窃密信道有很多推广的形式，本节介绍一种简单的推广方式，同时介绍广义汉明重量的推广概念：相对广义汉明重量。考虑 5.1 节中的第二类窃密信道为多个发送者和相应的接收者的情况，为简单起见，以两个发送者和接收者为例说明。设两个发送者把数据合在一起形成数据串 r，然后采用同一编码器编码，译码方式仍然是陪集译码方案。设

$$r=(r_1,\cdots,r_{k_1},r_{k_1+1},\cdots,r_k)$$

是两个发送者合在一起的数据串，其中前 k_1 个数据属于第一个发送者，后面 $k-k_1$ 个数据属于第二个发送者。仍然利用给定的$[n,k]$线性码 C 的生成矩阵 G 以下列方程组的解向量作为随机选择的码字：

$$Gx^{\mathrm{T}}=r^{\mathrm{T}}$$

不同的是：现在的窃听者窃听能力更强，他不但能窃听到传送码字的 u 个坐标位，并且还截获了第一个发送者的数据串，或者说第一个发送者的数据已经泄露给窃听者。这时我们关心的问题是：如何计算这个更强的窃听者的不确定性，即更多的条件限制后条件熵的计算问题。

首先设 G 的前 k_1 行生成的 C 的子码是 C^1。这样，所谓第一个发送者发送的 k_1 位数据已经泄露可以等价地解释为窃听者已经确定窃听到 u 个坐标位的码字属于 $(C^1)^{\perp}$的一个陪集中，于是，窃听者的不确定性的计算集中在窃听到 u 个坐标位的码字所属的 $C^{\perp}$ 的陪集的个数。

不妨仍然假设窃听到的 u 个坐标位是

$$J=\{1,\cdots,u\}\subset I=\{1,\cdots,n\}$$

既然被窃听到 u 个坐标位的码字在某一个特定的$(C^1)^{\perp}$的陪集中，于是，可以确定出这样的码字的总个数。这个数目的计算完全类似于式(5.1.3)得到的过程，该数目为

$$q^{n-u-\dim P_{I\setminus J}(C^1)}$$

类似的，如果被窃听到 u 位的码字属于 $C^{\perp}$ 的一个陪集，则该陪集中含有的这样码字个数为

$$q^{n-u-\dim P_{I\setminus J}(C)}$$

于是，被这个更强的窃听者窃听到 u 位的码字可能落入的 $C^{\perp}$ 的陪集的总数目为

$$\frac{q^{n-u-\dim P_{I\setminus J}(C^1)}}{q^{n-u-\dim P_{I\setminus J}(C)}}=q^{\dim P_{I\setminus J}(C)-\dim P_{I\setminus J}(C^1)}$$

既然这些陪集中的每一个发生的概率都相等，窃听者对这些陪集的总的不确定性，即我们所关注的窃听者的条件熵为

$$\sum_{i=1}^{\dim P_{I\setminus J}(C)-\dim P(C^1)}\frac{1}{q^{\dim P_{I\setminus J}(C)-\dim P_{I\setminus J}(C^1)}}\log_q\frac{1}{\dfrac{1}{q^{\dim P_{I\setminus J}(C)-\dim P_{I\setminus J}(C^1)}}}$$

$$=\sum_{i=1}^{\dim P_{I\setminus J}(C)-\dim P_{I\setminus J}(C^1)}\frac{1}{q^{\dim P_{I\setminus J}(C)-\dim P_{I\setminus J}(C^1)}}\log_q q^{\dim P_{I\setminus J}(C)-\dim P_{I\setminus J}(C^1)}$$

$$=\dim P_{I\setminus J}(C)-\dim P_{I\setminus J}(C^1)$$

类似的，由于第二个发送者发送的 $k-k_1$ 位数据是随机的，即等概率发生，因此

第二位发送者发送的数据的熵为

$$\sum_{i=1}^{q^{k-k_1}} \frac{1}{q^{k-k_1}} \log_q \frac{1}{\frac{1}{q^{k-k_1}}} = k - k_1$$

所以,这个更强的窃听者能够获得的第二个发送者的数据为

$$\begin{aligned}
&(k - k_1) - [\dim P_{I\backslash J}(C) - \dim P_{I\backslash J}(C^1)] \\
&= [k - \dim P_{I\backslash J}(C)] - [k_1 - \dim P_{I\backslash J}(C^1)] \\
&= [\dim C - \dim P_{I\backslash J}(C)] - [\dim C^1 - \dim P_{I\backslash J}(C^1)] \\
&= \dim C_J - \dim (C^1)_J \quad \text{(源于式(5.1.1))}
\end{aligned}$$

类似于广义汉明重量,根据以上计算,可以定义相对广义汉明重量。

定义 5.2.1　设 C 是$[n,k]$码,C^1 是其 k_1 维子码,则对任意 $1 \leqslant i \leqslant k-k_1$,参数

$$(rd)_i = \min\{|J| : \dim C_J - \dim (C^1)_J = i\}$$

称为码 C 针对子码 C^1 的相对广义汉明重量。

根据前述,当码对(C,C^1)用于第二类窃密信道时,相对广义汉明重量$(rd)_i$ 反映了窃听者要获取第二位发送者 i 位数据需要窃听的最小坐标位数。因此,相对广义汉明重量体现了码对(C,C^1)用于第二类窃密信道时的安全性能,与广义汉明重量类似,$(rd)_i$ 越大,(C,C^1)的安全性越高。编码者应尽可能寻找码对(C,C^1),使其相对广义汉明重量较大,以增加数据传输的安全性。

显然,当 $C^1 = \{0\}$是零子码时,相对广义汉明重量就退化成广义汉明重量,所以,广义汉明重量可以看成是 C 针对零子码的相对广义汉明重量的特例,相对广义汉明重量是广义汉明重量的推广。

设(C,C^1)如前文,则类似于广义汉明重量,相对广义汉明重量也满足严格单调性(证明留作习题)。

定理 5.2.1

$$(rd)_1 < (rd)_2 < \cdots < (rd)_{k-k_1}$$

定理 5.2.1 使得相对广义汉明重量也可写成:

命题 5.2.1　设 C 是$[n,k]$码,C^1 是其 k_1 维子码,则对任意 $1 \leqslant i \leqslant k-k_1$,

$$(rd)_i = \min\{|J| : \dim C_J - \dim (C^1)_J \geqslant i\}$$

相对广义汉明重量有下列类似于广义汉明重量的描述方式:

定理 5.2.2　设 C 是$[n,k]$码,C^1 是其 k_1 维子码,则对任意 $1 \leqslant i \leqslant k-k_1$,

$$(rd)_i = \min\{w(D) : \dim D = i,\ \text{且}\ D \cap C^1 = \{0\}\} \tag{5.2.1}$$

证明　因为

$$(C^1)_J = C_J \cap C^1$$

所以,根据命题 5.2.1,相对广义汉明重量可写成:

$$(rd)_i = \min\{|J|: \dim C_J - \dim(C_J \cap C^1) \geqslant i\} \tag{5.2.2}$$

设子码 D_0 满足条件：

$$w(D_0) = \min\{w(D): \dim D = i, \text{ 且 } D \cap C^1 = \{0\}\}$$

则

$$C_{\chi(D_0)} \supset D_0$$

从而，

$$\dim C_{\chi(D_0)} - \dim(C_{\chi(D_0)} \cap C^1) \geqslant \dim D_0 = i$$

于是根据式(5.2.2)可得：

$$(rd)_i \leqslant |\chi(D_0)| = w(D_0)$$

即式(5.2.1)的左侧小于右侧。

反之，设 C_{J_0} 满足式(5.2.2)使得

$$(rd)_i = |J_0| = \min\{|J|: \dim C_J - \dim(C_J \cap C^1) \geqslant i\}$$

此时，可以把子码 $C_{J_0} \cap C^1$ 的生成矩阵通过添加行而扩充成 C_{J_0} 的生成矩阵，然后在添加的那些行中任意取出 i 行，记这 i 个行生成的子码为 D_0，则容易看出 D_0 满足下列条件：

$$\dim D_0 = i, \ D_0 \cap C^1 = \{0\}, \ w(D_0) \leqslant |J_0| = (rd)_i$$

从而，式(5.2.1)的左侧大于右侧。定理得证。 □

推论 5.2.1 设 C 是$[n,k]$码，C^1 是其 k_1 维子码，则

$$(rd)_1 = \min\{w(c): c \notin C^1\}$$

广义汉明重量和相对广义汉明重量是 Wei、骆源和 Vinck 于 1991 年和 2005 年分别提出的，自提出到现在一直是信息论领域活跃的研究分支，国内外不断有新的研究成果。本章以广义汉明重量和相对广义汉明重量为重点，目的是介绍编码在信息安全中的一个方面的应用。实际上，编码理论与信息安全联系广泛，信息的传输都涉及纠错和信息安全，所以，编码与信息安全是不可分割的内容。本章主要参考了文献[9]、[11]、[15]。

练习题

1. 确定一个$[n,k]$MDS 码子码的支撑重量分布。
2. 确定一个$[n,k]$近 MDS 码子码的支撑重量分布。
3. 证明定理 5.2.1。
4. 证明 MDS 码的生成矩阵的每一行可由最小重量码字构成。
5. 确定 MDS 码针对其任意子码的相对广义汉明重量。

第 6 章　不超过两个重量的线性码

重量分布，尤其是重量分布少的码类是编码理论的重要内容，因为重量分布少的码类在信道编码中减少了分析译码错误概率的计算量。另外，重量分布少的码类和组合设计，有限域上的射影几何以及图论等学科密切相关，概念互相融合，因而重量分布少的码类应用广泛。重量分布最少的码是等重码，顾名思义，等重码是指这类码中所有的非零码字都有相同的(汉明)重量。比等重码多一个重量的是两个重量的码，统称为二重量码。基于这些码的广泛应用，有大量文献进行了研究。

这里要介绍的是线性等重码和一类线性二重量码。这两类线性码都有良好的结构，易于构造，并且它们的最小(汉明)重量都很大，可以与码长构成比例关系。所以，这些码都是纠错能力非常强的码。

为描述线性等重码和一类线性二重量码，需要有限射影几何方法，下面先对其作简单介绍。

6.1　射影几何介绍

本节给出所需的有限射影几何的一些基本知识，更详尽的内容可在有关文献(参考文献[5])中找到。$GF(q)$上的 $k-1$ 维射影空间记作 $PG(k-1,q)$。它定义为 $GF(q)^k$ 去掉零向量后的等价类。等价关系定义为 $x\sim y$ 当且仅当对于某个

$$\alpha \in GF(q)^*,\ x=\alpha y$$

这里 x 和 y 是 $GF(q)^k$ 中的非零向量，$GF(q)^*$ 代表有限域 $GF(q)$中的所有非零元素构成的集合。按照此等价关系，每个等价类都称为 $PG(k-1,q)$中的点。$PG(k-1,q)$中的每个点都可表示为

$$p=(y_1,y_2,\cdots,y_k)$$

其中，从左向右第一个非零分量取为 $GF(q)$中的单位元 1，其他分量都是 $GF(q)$中的元素。由等价类的定义，还容易得出等价类的个数，即射影点 p 的个数为

$$\frac{q^k-1}{q-1}$$

由两个射影点张成(以有限域元素为系数做非零线性组合)的射影点的集合称

为“线”。所以,线上射影点的个数为

$$\frac{q^2-1}{q-1}=q+1$$

类似的,由不在一条线上的三个射影点张成的射影点集合称为“面”。面上含的射影点的个数为

$$\frac{q^3-1}{q-1}=q^2+q+1$$

一般的,对于 $1 \leqslant r \leqslant k$,由 r 个线性无关(看成普通向量)的射影点张成的射影点集合称为 $PG(k-1,q)$的 $r-1$ 维子空间。按照通常的向量运算,射影子空间之间的维数满足下列通常线性空间的维数公式:

$$\dim(S_1+S_2)=\dim S_1+\dim S_2-\dim(S_1\cap S_2)$$

其中,S_1、S_2 代表任意的射影子空间。

例 6.1.1 考察射影(平面)空间 PG(2,2),可把它画成如图 6.1 所示的三角形。三角形的三个顶点分别用向量(100)、(010)、(001) 表示,而其他四个点分别为:(110)、(101)、(011)和(111)。共有 7 条线,它们是:{(100),(010),(110)},{(100),(001),(101)},{(010),(001),(011)},{(100),(011),(111)},{(010),(101),(111)},{(001),(110),(111)},{(110),(101),(011)}。

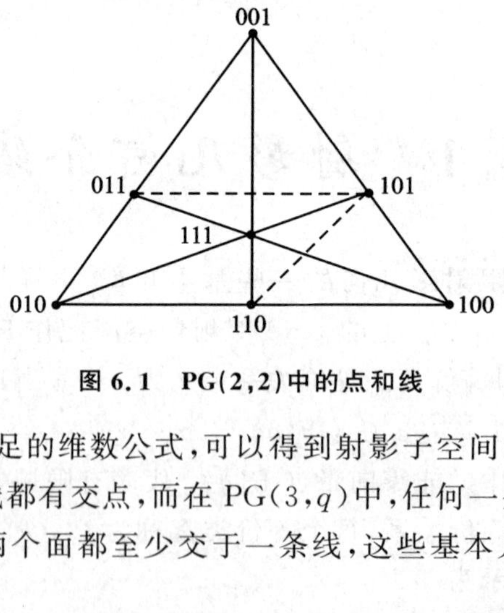

图 6.1 PG(2,2)中的点和线

根据射影子空间满足的维数公式,可以得到射影子空间的简单几何性质,如:在 PG(2,q)中,任何两条线都有交点,而在 PG(3,q)中,任何一条线与任何一个面都至少有一个交点,而任何两个面都至少交于一条线,这些基本几何性质对于码的构造非常有帮助。

射影空间中的各种子空间的计数也是编码理论和组合设计理论中经常用到的,我们给出一些简单的计数,利用这些计数,可以给出线性等重码和一类线性二重量码的结构。

给定 PG($k-1,q$),首先可以计算出所有的 r 维射影子空间的个数,记这个数为 N_r。只需对这个子空间的构成基的射影点计数即可。第一个基元素点可选取为

PG$(k-1,q)$中任何一个点，所以共有

$$\frac{q^k-1}{q-1}$$

种选法；选择第二个基元素点时，只能从余下的射影点中选取，所以，第二个基元素点的选法有

$$\frac{q^k-1}{q-1}-1$$

种；第三个基元素点的选法应在前两个点张成的线之外选取，所以共有

$$\frac{q^k-1}{q-1}-\frac{q^2-1}{q-1}$$

种选取方法。类似的，到第 $r+1$ 个基元素点选取时，应该在前面已经选好的 r 个基元素点张成的 $r-1$ 维射影子空间以外选取，所以，选取方法有

$$\frac{q^k-1}{q-1}-\frac{q^r-1}{q-1}$$

种。这样，r 维射影子空间的基元素的选取方法共有

$$\begin{aligned}&\frac{q^k-1}{q-1}\left(\frac{q^k-1}{q-1}-1\right)\left(\frac{q^k-1}{q-1}-\frac{q^2-1}{q-1}\right)\cdots\left(\frac{q^k-1}{q-1}-\frac{q^r-1}{q-1}\right)\\&=\frac{q^k-1}{q-1}\,\frac{q^k-q}{q-1}\,\frac{q^k-q^2}{q-1}\cdots\frac{q^k-q^r}{q-1}\end{aligned}\tag{6.1.1}$$

种。显然，在以上基元素点的选取中，同一个 r 维射影子空间会有重复的基元素点选取方法。重复的选取方法如下：第一个基元素点重复选取次数为

$$\frac{q^{r+1}-1}{q-1}$$

第二个基元素点重复选取次数为

$$\frac{q^{r+1}-1}{q-1}-1$$

第三个基元素点重复选取次数为

$$\frac{q^{r+1}-1}{q-1}-\frac{q^2-1}{q-1}$$

类似的，第 $r+1$ 个基元素点重复选取次数为

$$\frac{q^{r+1}-1}{q-1}-\frac{q^r-1}{q-1}$$

因此，同一个 r 维射影子空间基元素点选取时造成的重复总次数为

$$\begin{aligned}&\frac{q^{r+1}-1}{q-1}\left(\frac{q^{r+1}-1}{q-1}-1\right)\left(\frac{q^{r+1}-1}{q-1}-\frac{q^2-1}{q-1}\right)\cdots\left(\frac{q^{r+1}-1}{q-1}-\frac{q^r-1}{q-1}\right)\\&=\frac{q^{r+1}-1}{q-1}\,\frac{q^{r+1}-q}{q-1}\,\frac{q^{r+1}-q^2}{q-1}\cdots\frac{q^{r+1}-q^r}{q-1}\end{aligned}\tag{6.1.2}$$

于是，根据式(6.1.1)和式(6.1.2)得：

$$N_r=\frac{\frac{q^k-1}{q-1}\frac{q^k-q}{q-1}\frac{q^k-q^2}{q-1}\cdots\frac{q^k-q^r}{q-1}}{\frac{q^{r+1}-1}{q-1}\frac{q^{r+1}-q}{q-1}\frac{q^{r+1}-q^2}{q-1}\cdots\frac{q^{r+1}-q^r}{q-1}}$$

$$=\frac{(q^k-1)(q^k-q)(q^k-q^2)\cdots(q^k-q^r)}{(q^{r+1}-1)(q^{r+1}-q)(q^{r+1}-q^2)\cdots(q^{r+1}-q^r)} \tag{6.1.3}$$

以上计算过程中，如果第一个基元素点是固定的，并且从第二个基元素点开始选取，则可以得到经过一个固定点的 r 维射影子空间的个数，记这个数为 $N_{r,1}$，则

$$N_{r,1}=\frac{(q^k-q)(q^k-q^2)\cdots(q^k-q^r)}{(q^{r+1}-q)(q^{r+1}-q^2)\cdots(q^{r+1}-q^r)} \tag{6.1.4}$$

类似的，记经过两个不同的射影点的 r 维射影子空间的个数为 $N_{r,2}$，则

$$N_{r,2}=\frac{(q^k-q^2)(q^k-q^3)\cdots(q^k-q^r)}{(q^{r+1}-q^2)(q^{r+1}-q^3)\cdots(q^{r+1}-q^r)} \tag{6.1.5}$$

6.2 线性码与射影几何的关系

一个 q 元$[n,k]$码与射影空间 PG$(k-1,q)$关系密切。固定 C 的任何一个生成矩阵 G 后，G 的列可看成 PG$(k-1,q)$的点。于是，G 的列构成 PG$(k-1,q)$中射影点的一个多重集。我们可以由此统计 PG$(k-1,q)$中每个点 p 在这个多重集中出现的次数，把点 p 与它出现的次数对应起来，便得到一个映射，这个映射记作$m(\cdot)$，即

$$m(\cdot):\mathrm{PG}(k-1,q)\rightarrow \mathbb{N}$$

这里 $\mathbb{N}$ 代表非负整数集合。

任何一个$[n,k]$码固定一个生成矩阵后，都以上述方式对应一个映射 $m(\cdot)$；反之，给定一个这样的映射 $m(\cdot)$后，只要满足 $m(p)>0$ 的射影点含有 k 个基元素点，即可把 $m(p)>0$ 的那些射影点按任意次序以列的形式并按出现的次数排成一个矩阵，此矩阵就生成一个 k 维码。

定义 6.2.1 设 C 是$[n,k]$码，固定其一个生成矩阵 G，则以上述方式得到的映射 $m(\cdot)$称为 C 的一个赋值函数。

显然，码 C 与其赋值函数在码的等价意义下一一对应。因而在码的等价意义下，可以用赋值函数表示一个码。本章中仍假定所关注的线性码没有零坐标位，即其生成矩阵没有零列。这样在给定$[n,k]$码 C 的赋值函数 $m(\cdot)$后，赋值函数$m(\cdot)$与码长 n 之间的关系可如下表示：

$$\sum_{p\in \mathrm{PG}(k-1,q)} m(p)=n \tag{6.2.1}$$

可以对任何点集 $S \subset PG(k-1,q)$ 定义

$$m(S)=\sum_{p\in S} m(p)$$

并称 $m(S)$ 为点集 S 的**值**。特别的，对任何射影点 p，$m(p)$ 称为 p 的值。根据式(6.2.1)，整个射影空间 $PG(k-1,q)$ 的值为

$$m[PG(k-1,q)]=n$$

由于码与其赋值函数在码的等价意义下相互确定，而等价的码拥有相同的重量分布和子码的支撑重量分布，因而可以用码的赋值函数讨论其码字的重量分布和其子码的支撑重量分布，这是赋值函数的意义所在。

6.3　线性等重码

线性等重码的一个典型例子就是汉明码的对偶码(见第 4 章例 4.2.1 及其后习题 2)。这个码的生成矩阵为

$$H=\begin{bmatrix}0&0&0&1&1&1&1\\0&1&1&0&0&1&1\\1&0&1&0&1&0&1\end{bmatrix}$$

在例 4.2.1 中提到过，这个矩阵有个明显特点，就是它的每个列都对应着一个三位二进制数，所有列对应着所有三位二进制数(零除外)。实际上，这个特点不是偶然的，而是一个规律。本节将证明每个线性等重码的生成矩阵都有这个共同特点。首先建立一个一一对应关系，这个对应关系的目的是把子码的支撑重量以赋值函数表示。

引理 6.3.1　设 C 是 $[n,k]$ 码，G 是其取定的一个生成矩阵，并确定赋值函数 $m(\cdot)$；则对任意的 $1\leqslant i\leqslant k-1$，都有 i 维子码 D 的集合到 $k-i-1$ 维射影子空间 P 的集合间的一个一一对应，使得如果 D 对应 P，则

$$w(D)=n-m(P)$$

证明　任意一个 i 维子码 D 的支撑重量都等于其生成矩阵中非零列的个数，而其生成矩阵总可写为

$$X_{i\times k}G$$

显然，$X_{i\times k}G$ 的零列的个数等于 G 中那些与 $X_{i\times k}$ 的 i 个行都正交的列的个数，而这个数目正好等于 $m(P)$，其中 P 是与 $X_{i\times k}$ 的所有行都正交的那个 $k-i-1$ 维射影子空间，因而有

$$w(D)=n-m(P)$$ □

如果 $[n,k,d]$ 码 C 是等重码，即每个非零码字的重量都是 d，则根据引理 6.3.1 知：C 对应的赋值函数在 $PG(k-1,q)$ 的每个 $k-2$ 维射影子空间上的值都相等，即

$$m(P) \equiv \iota := n - d, \quad \forall k-2 \text{ 维射影子空间 } P$$

为找到赋值函数在每个射影点上的取值规律，我们现在把所有的 $k-2$ 维射影子空间的值做累加，根据式(6.1.3)，做累加的 $k-2$ 维射影子空间的总数是 N_{k-2}，在累加过程中，根据式(6.1.4)，每个射影点 p 的值被累加的次数恰好都是 $N_{k-2,1}$，于是：

$$\begin{aligned} N_{k-2}\iota &= \sum_P m(P) \\ &= N_{k-2,1} \sum_{p \in \mathrm{PG}(k-1,q)} m(p) \\ &= N_{k-2,1} m[\mathrm{PG}(k-1,q)] \\ &= N_{k-2,1} n \end{aligned}$$

于是，

$$n = \frac{N_{k-2}\iota}{N_{k-2,1}} \tag{6.3.1}$$

接下来，再对经过任意一个固定射影点 p_0 的所有 $k-2$ 维射影子空间的值做累加，在累加过程中，共有 $N_{k-2,1}$ 个 $k-2$ 维射影子空间的值相加，$m(p_0)$ 自然被累加 $N_{k-2,1}$ 次，而根据式(6.1.5)，其他不同于 p_0 的任一点 $p \in \mathrm{PG}(k-1,q)$ 的值 $m(p)$ 将被累加 $N_{k-2,2}$ 次，于是，

$$\begin{aligned} N_{k-2,1}\iota &= \sum_{p_0 \in P} m(P) \\ &= N_{k-2,1} m(p_0) + N_{k-2,2} \sum_{p \neq p_0,\, p \in \mathrm{PG}(k-1,q)} m(p) \\ &= (N_{k-2,1} - N_{k-2,2}) m(p_0) + N_{k-2,2} \sum_{p \in \mathrm{PG}(k-1,q)} m(p) \\ &= (N_{k-2,1} - N_{k-2,2}) m(p_0) + N_{k-2,2} m[\mathrm{PG}(k-1,q)] \\ &= (N_{k-2,1} - N_{k-2,2}) m(p_0) + N_{k-2,2} n \end{aligned}$$

所以，

$$m(p_0) = \frac{N_{k-2,1}\iota - N_{k-2,2} n}{N_{k-2,1} - N_{k-2,2}} \tag{6.3.2}$$

于是，由式(6.3.1)和式(6.3.2)便得：

$$\begin{aligned} m(p_0) &= \frac{N_{k-2,1}\iota - N_{k-2,2} \dfrac{N_{k-2}\iota}{N_{k-2,1}}}{N_{k-2,1} - N_{k-2,2}} \\ &= \frac{N_{k-2,1}^2 - N_{k-2,2} N_{k-2}}{N_{k-2,1}(N_{k-2,1} - N_{k-2,2})}\iota \\ &= \text{常数} \end{aligned} \tag{6.3.3}$$

既然 p_0 是 PG$(k-1,q)$中任一取定的点，即可知道线性等重码的赋值函数是常值函数。反之，如果一个$[n,k]$码 C 的赋值函数是常值函数，则 PG$(k-1,q)$中的每个 $k-2$ 维射影子空间的值都相同，因而由引理 6.3.1 知：C 的每个非零码字都有相同的重量，所以，C 是等重码。总结得到的结论，即得下列线性等重码的结构定理：

定理 6.3.1　$[n,k,d]$码 C 是等重码当且仅当其赋值函数 $m(\cdot)$是常值函数。

由定理 6.3.1 易得码字重量 d 与赋值函数的关系：既然根据引理 6.3.1，$[n,k,d]$等重码 C 的赋值函数在每个 $k-2$ 维射影子空间的取值都是 $n-d$，而每个 $k-2$ 维射影子空间都含

$$\frac{q^{k-1}-1}{q-1}$$

个射影点，可立刻推得：

$$m(p)\equiv\frac{(q-1)(n-d)}{q^{k-1}-1}$$

又 PG$(k-1,q)$含

$$\frac{q^k-1}{q-1}$$

个点，所以，

$$\begin{aligned} n &= m[\mathrm{PG}(k-1,q)] \\ &= \frac{q^k-1}{q-1}m(p) \\ &= \frac{q^k-1}{q-1}\frac{(q-1)(n-d)}{q^{k-1}-1} \end{aligned}$$

由此推得：

$$\begin{aligned} n &= \frac{d}{q^{k-1}}\frac{q^k-1}{q-1} \\ &= \frac{q^k-1}{q^k-q^{k-1}}d \end{aligned}$$

再由

$$m(p)\equiv\frac{(q-1)(n-d)}{q^{k-1}-1}$$

即可把赋值函数用码字重量 d 表示如下：

$$m(p)\equiv\frac{d}{q^{k-1}}\quad\forall p\in\mathrm{PG}(k-1,q)$$

把此结果叙述成如下推论：

推论 6.3.1　任何$[n,k,d]$等重码的赋值函数均满足：

$$m(p)\equiv\frac{d}{q^{k-1}}$$

仔细观察式(6.3.3)的计算过程,可以发现它对任何维数的取值为常数的射影子空间都有类似表达式,即对任意 $0 \leqslant i \leqslant k-2$,如果 $\mathrm{PG}(k-1,q)$ 的所有 i 维射影子空间的值都相同,比如仍设

$$m(P) \equiv \iota, \quad \text{对任意 } i \text{ 维射影子空间 } P$$

则对 $\mathrm{PG}(k-1,q)$ 中任一取定的点 p_0,可以适当修改式(6.3.3)而得到:

$$m(p_0) = \frac{N_{i,1}^2 - N_{i,2}N_i}{N_{i,1}(N_{i,1} - N_{i,2})}\iota$$
$$= \text{常数}$$

从而得出赋值函数 $m(\cdot)$ 也是常值函数。反之,如果 $m(\cdot)$ 是常值函数,则其在任意相同维数的射影子空间上的值都相同。根据引理 6.3.1,条件

$$m(P) \equiv \iota, \quad \text{对任意 } i \text{ 维射影子空间 } P$$

等价于

$$w(D) \equiv \text{常数}, \quad \text{对 } C \text{ 的任意 } k-i-1 \text{ 维子码 } D$$

于是,根据定理 6.3.1,即可得下列定理:

定理 6.3.2 $[n,k,d]$ 码 C 是等重码的充分必要条件是:C 的所有 i 维子码都有相同的支撑重量,这里的 i 是满足条件 $1 \leqslant i \leqslant k-1$ 的任一数值。

根据引理 6.3.1,任意 i 维子码 D 都对应着一个 $k-i-1$ 维射影子空间 P,且 $w(D)=n-m(P)$。于是,利用推论 6.3.1,可计算 $[n,k,d]$ 等重码的任意 i 维子码 D 的支撑重量为

$$w(D) = n - m(P)$$
$$= \left(\frac{q^k - 1}{q-1} - \frac{q^{k-i} - 1}{q-1}\right)\frac{d}{q^{k-1}}$$
$$= \frac{q^k - q^{k-i}}{q^k - q^{k-1}} d$$

该计算结果也可如下描述:

推论 6.3.2 设 C 是 $[n,k,d]$ 等重码,则它的广义汉明重量为

$$\left(d, \frac{q^k - q^{k-2}}{q^k - q^{k-1}}d, \frac{q^k - q^{k-3}}{q^k - q^{k-1}}d, \cdots, \frac{q^k - q}{q^k - q^{k-1}d}, \frac{q^k - 1}{q^k - q^{k-1}}d\right)$$

既然所有 i 维子码都有相同的支撑重量,确定线性等重码的子码的支撑重量分布只须计算相同维数的子码的个数。但根据引理 6.3.1,所有 i 维子码的个数与所有 $k-i-1$ 维射影子空间的个数相同,而所有 $k-i-1$ 维射影子空间的个数已由式(6.1.3)确定(只需将那里的 r 用 $k-i-1$ 取代)。

仍然利用 $[n,k,d]$ 等重码的所有同维数子码有相同的支撑重量的事实,结合第 5 章的定理 5.2.2,也可得下列推论:

推论 6.3.3 设 C 是 $[n,k,d]$ 等重码,则它针对任何 k_1 维子码的相对广义汉明

重量为

$$\left(d, \frac{q^k - q^{k-2}}{q^k - q^{k-1}}d, \frac{q^k - q^{k-3}}{q^k - q^{k-1}}d, \cdots, \frac{q^k - q^{k-k_1}}{q^k - q^{k-1}}d\right)$$

6.4　一类二重量码

本节介绍一类二重量线性码，它可以看成 6.3 节线性等重码的推广。基于第 5 章相对广义汉明重量中码对 (C, C^1) 的观察，我们可以把线性等重码看成是所有码字 $C\backslash C^1$ 都有相同重量的码，其中，$C^1=\{0\}$。这种看法的一个自然推广就是子码 C^1 中的所有非零码字重量相同，$C\backslash C^1$ 中的所有码字重量也相同，这就是下面要介绍的二重量码。

定义 6.4.1　设 (C, C^1) 是码对，C^1 是 C 的子码，如果 C^1 是线性等重子码，而 $C\backslash C^1$ 中所有码字拥有另一个相同重量，则称 C 是相对于子码 C^1 的二重量码，简称 C 是二重量码。

二重量码既然与子码相关，我们自然想到 C 针对 C^1 的相对广义汉明重量。根据第 5 章定理 5.2.2，相对广义汉明重量与那些满足 $D\cap C^1=\{0\}$ 的子码 D 的支撑重量相关。我们关心的是：如果所有码字 $C\backslash C^1$ 有相同的重量，那么相对广义汉明重量有什么特点。设 C 是 $[n,k]$ 线性码，C^1 是其 k_1 维子码，这时由推论 5.2.1 可知：C 针对 C^1 的第一个相对广义汉明重量参数 $(rd)_1$ 就是 $C\backslash C^1$ 中那些码字的重量。由于满足 $D\cap C^1=\{0\}$ 的子码 D 的非零码字都落在 $C\backslash C^1$ 中，所以，D 是个线性等重码，其非零码字重量就是 $(rd)_1$。这样，C 对于 C^1 的相对广义汉明重量即等于一个满足 $D\cap C^1=\{0\}$ 的 $k-k_1$ 维子码 D 的广义汉明重量，又因为这样一个子码 D 是码字重量为 $(rd)_1$ 的线性等重码，所以，根据第 5 章的定理 5.2.2 和 6.3 节的推论 6.3.2，即有：

定理 6.4.1　设 $[n,k]$ 码 C 及 k_1 维子码 C^1 满足条件：$C\backslash C^1$ 的所有码字都有相同重量，即等于 C 对于 C^1 的第一个相对广义汉明重量参数 $(rd)_1$，则 C 对于 C^1 的相对广义汉明重量为

$$\left((rd)_1, \frac{q^k - q^{k-2}}{q^k - q^{k-1}}(rd)_1, \frac{q^k - q^{k-3}}{q^k - q^{k-1}}(rd)_1, \cdots, \frac{q^k - q^{k-k_1}}{q^k - q^{k-1}}(rd)_1\right)$$

根据定理 6.3.2 和定理 6.4.1，又可推得下列结论：

推论 6.4.1　对任意 $1\leqslant i\leqslant k-k_1-1$，如果所有 i 维满足条件 $D\cap C^1=\{0\}$ 的子码 D 有相同的支撑重量，则 $C\backslash C^1$ 中的所有码字都有相同的重量。

推论 6.4.1 中的 i 不能等于 $k-k_1$，否则，结论可能不成立。

例 6.4.1 令 3 维二元码 C 的生成矩阵为

$$\begin{pmatrix}1&1&1&1&0&0&0\\0&0&1&1&0&0&1\\0&1&0&1&1&1&0\end{pmatrix}$$

令 1 维子码 C^1 由此矩阵的第一行生成，即 $k=3,k_1=1$，则 $k-k_1=2$。于是，可验证：4 个和 C^1 的交集为零码字的 2 维子码的支撑重量都等于 6，然而 $C\backslash C^1$ 中的码字 0011001、0110111 和 0101110 的重量却各不相同.

为叙述方便，如果 $C\backslash C^1$ 中的码字重量相等，下文中就以 $C\trianglerighteq C^1$ 表示。本节的二重量码就是满足 $C\trianglerighteq C^1$，同时，C^1 是线性等重子码的码。我们已经注意到满足 $D\cap C^1=\{0\}$ 的子码 D 的重要性，为找到二重量码的构造方法，下面把满足上述条件的子码 D 进行推广。

定义 6.4.2 设 C 是$[n,k]$码，C^1 是其 k_1 维子码。C 的子码 D 称为 θ 子码，如果 $\dim(D\cap C^1)=\theta$，进一步，如果 $\dim D=r$，也称 D 为(r,θ)子码。

于是，根据之前的结论，C 对于 C^1 的第 i 个相对广义汉明重量参数$(rd)_i$ 就是所有$(i,0)$子码的最小支撑重量。

6.4.1 二重量码的结构

在线性等重码中，相同维数子码的支撑重量都相等的条件与这个码为等重码是等价条件，定义 6.4.2 中的(r,θ)子码涉及子码本身的维数，也涉及该子码与 C^1 交集的维数，我们关心的问题是：这种子码的支撑重量是否与二重量码有关？回答这个问题之前，先观察以下的例子：

例 6.4.2 令 3 维二元码 C 的生成矩阵如下：

$$\begin{bmatrix}1&1&1&1&0&0&0&0&0&0\\0&0&1&1&1&0&1&1&0&1\\0&1&0&1&0&1&1&0&1&1\end{bmatrix}$$

设 1 维子码 C^1 由生成矩阵的第一行生成，C^1 自然是等重线性码。我们可以检验：$C\backslash C^1$ 中的 6 个码字的重量都是 6，所以，$C\trianglerighteq C^1$，C 是二重量码。经过计算可验证所有 3 个 2 维 1 子码，即 3 个含 C^1 的 2 维子码的支撑重量均为 8。

例 6.4.3 令 3 维二元线性码 C 的生成矩阵为

$$\begin{bmatrix}1&0&0&1&1&0&1&0\\0&1&0&1&0&1&1&0\\0&0&1&0&1&1&1&1\end{bmatrix}$$

令子码 C^1 由上述矩阵的前两行生成，可以验证 C^1 是码字重量为 4 的线性等重子码。$C\backslash C^1$ 中的 4 个码字的重量均为 5，所以 $C\trianglerighteq C^1$，C 是二重量码。进一步计算可知：码 C 的 6 个 2 维 1 子码的支撑重量都是 7。

例 6.4.4　令 3 维二元线性码 C 的生成矩阵为

$$\begin{bmatrix} 1 & 1 & 0 & 0 & 1 & 1 & 1 & 1 & 0 \\ 0 & 0 & 1 & 1 & 1 & 1 & 1 & 1 & 0 \\ 0 & 1 & 0 & 1 & 0 & 0 & 1 & 1 & 1 \end{bmatrix}$$

令 C^1 是以上矩阵的前两行生成的子码，经计算可知，$C\backslash C^1$ 中的 4 个码字的重量都是 5，所以 $C \trianglerighteq C^1$，但由于 C^1 不是等重子码，所以 C 不是二重量码。进一步可验证，由生成矩阵的第一行和第三行生成的 2 维 1 子码的支撑重量是 8，而由第三行与前两行之和生成的 2 维 1 子码的支撑重量是 7，所以在这个例子中不是所有的 2 维 1 子码都有相同的支撑重量。

这些例子已体现出 (r,θ) 子码的支撑重量与二重量码的密切关系，为叙述更一般的结论，下面介绍一些记号。

令 $p=(u_1,u_2,\cdots,u_k)$ 是一个行向量（或列向量 $p=(u_1,u_2,\cdots,u_k)^{\mathrm{T}}$）。令 J 是 k 个坐标的一个子集，仍采用第 5 章的记号 P_J，即定义 $P_J(p)$ 为这样一个向量，此向量的分量等于 u_t，如果 $t\in J$；而如果 $t\notin J$，则定义 $P_J(p)$ 的第 t 个分量为 0。当把向量 p 看成 $\mathrm{PG}(k-1,q)$ 中的一个射影点时，约定记号 $P_J(p)$ 的含义相同。如：$p=(u_1,u_2,u_3,u_4,u_5)$（或 $p=(u_1,u_2,u_3,u_4,u_5)^{\mathrm{T}}$）而 $J=\{2,4\}$，则 $P_J(p)=(0,u_2,0,u_4,0)$（或 $P_J(p)=(0,u_2,0,u_4,0)^{\mathrm{T}}$）。而如果令 $J=\{1,2\}$，则 $P_J(p)=(u_1,u_2,0,0,0)$（或 $P_J(p)=(u_1,u_2,0,0,0)^{\mathrm{T}}$）。

对射影空间 $\mathrm{PG}(k-1,q)$ 中的点集 U 和 $\mathrm{PG}(k-1,q)$ 中的点的 k 个坐标位置的一个子集 J，定义

$$P_J(U)=\{P_J(p):p\in U\}$$

显然，如果 U 是射影子空间，则 $P_J(U)$ 也是射影子空间。以 $\langle U\rangle$ 表示由 U 中的点张成的射影子空间。下面的引理可以看成引理 6.3.1 的推广，它是讨论和构造二重量码的基础。

引理 6.4.1　设 C 是 q 元 $[n,k]$ 码，C^1 是其 k_1 维子码，则在 (r,θ) 子码的集合与满足条件

$$\dim P_J(P)=k_1-\theta-1$$

的 $k-r-1$ 维射影子空间 P 的集合之间存在一一对应关系，使得如果 (r,θ) 子码 D 与 $k-r-1$ 维射影子空间 P 对应，则

$$n-w(D)=m(P)$$

其中，$J=\{1,2,\cdots,k_1\}$ 表示 $\mathrm{PG}(k-1,q)$ 中点的前 k_1 个坐标位置。

证明　假设 C 的生成矩阵为 G，且 G 的前 k_1 行生成子码 C^1。

由 r 维 θ 子码 D 的定义，可以假设它的生成矩阵是：$Z_{r\times k}G$，其中

$$Z_{r\times k}=\begin{pmatrix}Z_1 & O\\ Z_2 & Z_3\end{pmatrix}$$

Z_1 是 $\theta\times k_1$ 矩阵，O 是 $\theta\times(k-k_1)$ 零矩阵，Z_2 是 $(r-\theta)\times k_1$ 矩阵，Z_3 是 $(r-\theta)\times(k-k_1)$ 矩阵，$\text{rank}\ Z_1=\theta$ 而 $\text{rank}\ Z_3=r-\theta$。

考虑垂直于由矩阵 $Z_{r\times k}$ 的行生成的子空间的 $(k-r)$ 维子空间 U，并令 $U_{k_1}^0$ 代表 U 中那些前 k_1 个坐标均为 0 的向量，即

$$U_{k_1}^0=\{u=(0,0,\cdots,0,u_{k_1+1},u_{k_1+2},\cdots,u_k):u\in U\}$$

不难验证，$U_{k_1}^0$ 是 U 的子空间，且

$$\dim(U_{k_1}^0)=k-k_1-\text{rank}\ Z_3=k-k_1-(r-\theta)=k-k_1-r+\theta$$

还能进一步通过在 $U_{k_1}^0$ 的一组基后添加 $k_1-\theta$ 个基元素 $\alpha_1,\alpha_2,\cdots,\alpha_{k_1-\theta}$ 得到 U 的一组基。

由以上构造得知：

$$\text{rank}(P_J(\alpha_1),P_J(\alpha_2),\cdots,P_J(\alpha_{k_1-\theta}))=k_1-\theta=k_1-\text{rank}\ Z_1$$

所以，

$$\dim(P_J(U))=k_1-\theta$$

其中，$J=\{1,2,\cdots,k_1\}$ 代表 U 中向量的前 k_1 个坐标位置。

当把子空间 U 看成 $\text{PG}(k-1,q)$ 的射影子空间时，恰好就是与 (r,θ) 子码 D 对应的 $k-r-1$ 维射影子空间 P。综上即得：

$$\dim(P_J(P))=k_1-\theta-1$$

且 $w(D)=n-m(P)$，其中 $J=\{1,2,\cdots,k_1\}$。 □

定理 6.4.2 设 C 是 $[n,k]$ 码，C^1 是其 k_1 维子码，且 $C\trianglerighteq C^1$。令 G 是 C 的一个生成矩阵，G 的前 k_1 行生成 C^1。如果存在满足条件 $t_0\leqslant r_0\leqslant k-k_1+t_0$，$1\leqslant t_0\leqslant k_1-1$ 的固定数对 (r_0,t_0)，使得所有的 r_0 维 t_0 子码都有相同的支撑重量，则对任意满足条件 $t\leqslant r\leqslant k-k_1+t$，$1\leqslant t\leqslant k_1$ 的一组取值 (r,t)，所有 r 维 t 子码也都有相同的支撑重量。

证明 在证明过程中，约定记号 P_ζ^ϑ 表示 $\text{PG}(k-1,q)$ 的 ζ 维射影子空间，并且满足条件

$$\dim P_J(P_\zeta^\vartheta)=\vartheta$$

其中，$J=\{1,2,\cdots,k_1\}$ 表示 $\text{PG}(k-1,q)$ 中的射影点的前 k_1 个坐标位置。

由引理 6.4.1，要证明定理结论，只需证明对任意固定的一组取值 (ζ,ϑ)，所有的射影子空间 P_ζ^ϑ 都有相同的值即可。

我们把证明分成下列两种情况。

情况Ⅰ：$r_0=k-k_1+t_0$

由已知条件中所有 r_0 维 t_0 子码都有相同的支撑重量，且 $C\trianglerighteq C^1$，可根据引理

6.4.1 得到：所有射影子空间 $P_{k_1-t_0-1}^{k_1-t_0-1}$ 都有相同的值，所有子空间 $P_{\upsilon}^{k_1-1}$ 也都有相同的值；其中，$k_1-1\leqslant\upsilon\leqslant k-1$。特别的，所有 $P_{k_1-1}^{k_1-1}$ 都有相同的值。由于给定任何一个 $P_{k_1-t_0-2}^{k_1-t_0-2}$，总可找到子空间 $P_{k_1-1}^{k_1-1}$ 使得

$$P_{k_1-t_0-2}^{k_1-t_0-2}\subset P_{k_1-1}^{k_1-1}$$

所以，

$$\frac{q^{t_0+1}-1}{q-1}m(P_{k_1-t_0-1}^{k_1-t_0-1})-\left(\frac{q^{t_0+1}-1}{q-1}-1\right)m(P_{k_1-t_0-2}^{k_1-t_0-2})=m(P_{k_1-1}^{k_1-1})$$

由此得所有子空间 $p_{k_1-t_0-2}^{k_1-t_0-2}$ 都有相同的值。进一步以相同的方式可得所有子空间 $P_{k_1-t_0-3}^{k_1-t_0-3}$ 也都有相同的值。类似一步步进行这样的计算，最后可以得知所有 P_0^0，即所有满足 $P_J(p)\neq\{0\}$ 的射影点 p 都有相同的值。

再根据所有 $P_{k_1}^{k_1-1}$ 都有相同的值这个事实，可得到所有满足条件

$$P_J(p)=\{0\}$$

的射影点 p 也都有相同的值。所以，所有 P_{ζ}^{ϑ} 都有相同的值。

情况Ⅱ：$r_0<k-k_1+t_0$

首先，同样根据所有 r_0 维 t_0 子码有相同的支撑重量且 $C\trianglerighteq C^1$ 的假设条件，得到所有射影子空间 $P_{k-r_0-1}^{k_1-t_0-1}$ 都有相同的值，所有 $P_{k-r_0+t_0-1}^{k_1-1}$ 也都有相同的值。注意到任给一个子空间 $P_{k-r_0-2}^{k_1-t_0-2}$，总能够找到子空间 $P_{k-r_0+t_0-1}^{k_1-1}$ 使得 $P_{k-r_0-2}^{k_1-t_0-2}\subset P_{k-r_0+t_0-1}^{k_1-1}$，于是，

$$\frac{q^{t_0+1}-1}{q-1}m(P_{k-r_0-1}^{k_1-t_0-1})-\left(\frac{q^{t_0+1}-1}{q-1}-1\right)m(P_{k-r_0-2}^{k_1-t_0-2})=m(P_{k-r_0+t_0-1}^{k_1-1})$$

由此得所有 $P_{k-r_0-2}^{k_1-t_0-2}$ 都有相同的值。类似的，任给一个子空间 $P_{k-r_0-3}^{k_1-t_0-3}$，总可找到子空间 $P_{k-r_0+t_0-1}^{k_1-1}$ 使得 $P_{k-r_0-3}^{k_1-t_0-3}\subset P_{k-r_0+t_0-1}^{k_1-1}$，于是，

$$\frac{q^{t_0+2}-1}{q-1}m(P_{k-r_0-2}^{k_1-t_0-2})-\left(\frac{q^{t_0+2}-1}{q-1}\right)m(P_{k-r_0-3}^{k_1-t_0-3})=m(P_{k-r_0+t_0-1}^{k_1-1})$$

由此得所有 $P_{k-r_0-3}^{k_1-t_0-3}$ 都有相同的值。以此方式进行运算，最后可证明所有 $P_{k-k_1-r_0+t_0}^{0}$ 及所有 $P_{k-k_1-r_0+t_0-1}^{-1}$ 都有相同的值。由于 $P_{k-k_1-r_0+t_0-1}^{-1}$ 是

$$U:=\{p:p\text{ 是射影点且 }P_J(p)=\{0\}\}$$

的 $k-k_1-r_0+t_0-1$ 维射影子空间，于是类似于式(6.3.3)的计算过程可得：所有满足 $P_J(p)=\{0\}$ 的射影点 p，即 U 中所有的点都有相同的值。

接下来，证明满足 $P_J(p)\neq\{0\}$ 的那些射影点 p 也都有相同的值。

由

$$m(P_{k-r_0+t_0-2}^{k_1-2})=\frac{q^{k_1-1}-1}{q-1}m(P_{k-k_1-r_0+t_0}^{0})-$$

$$\left(\frac{q^{k_1-1}-1}{q-1}-1\right)m(P^{-1}_{k-k_1-r_0+t_0-1})$$

推得：所有 $P^{k_1-2}_{k-r_0+t_0-2}$ 都有相同的值。

对于任意子空间 $P^{k_1-2}_{k-r_0+t_0-3}$，总存在子空间 $P^{k_1-1}_{k-r_0+t_0-1}$ 使得：

$$P^{k_1-2}_{k-r_0+t_0-3}\subset P^{k_1-1}_{k-r_0+t_0-1}$$

于是由

$$m(P^{k_1-2}_{k-r_0+t_0-2})+qm(P^{k_1-1}_{k-r_0+t_0-2})-qm(P^{k_1-2}_{k-r_0+t_0-3})=m(P^{k_1-1}_{k-r_0+t_0-1})$$

及所有子空间 $P^{k_1-1}_{k-r_0+t_0-2}$ 都有相同的值，所有子空间 $P^{k_1-1}_{k-r_0+t_0-1}$ 也都有相同的值，以及 $C\trianglerighteq C^1$ 这些事实可知：所有 $P^{k_1-2}_{k-r_0+t_0-3}$ 都有相同的值。

类似的，由所有子空间 $P^{k_1-2}_{k-r_0+t_0-2}$ 有相同的值，所有子空间 $P^{k_1-2}_{k-r_0+t_0-3}$ 也有相同的值可推得：所有子空间 $P^{k_1-2}_{k-r_0+t_0-4}$ 都有相同的值。一步步，可得所有 $P^{k_1-2}_{k_1-2}$ 都有相同的值。于是，再利用情况 I 的证明，便可得到所有满足 $P_J(p)\neq\{0\}$ 的射影点 p 都有相同的值。 □

例 6.4.5 设 4 维二元线性码 C 的生成矩阵是：

$$\begin{bmatrix}1&0&0&0&1&1&1&0&0&0&1&1&1&0&1&0&0&0\\0&1&0&0&1&0&0&1&1&0&1&1&0&1&1&0&0&0\\0&0&1&0&0&1&0&1&0&1&1&0&1&1&1&1&0&1\\0&0&0&1&0&0&1&0&1&1&0&1&1&1&1&0&1&1\end{bmatrix}$$

令 C^1 是由前两行生成的 2 维子码。这时，$C\backslash C^1$ 中所有码字的重量都是 10，因此，$C\trianglerighteq C^1$。另外，可直接计算：所有 2 维 1 子码的支撑重量都是 14，所以根据定理 6.4.2 可知：对任意一组取值 (r,t)，所有的 r 维 t 子码都有相同的支撑重量，其中 $0\leqslant t\leqslant 2$，$t\leqslant r\leqslant 2+t$。特别的，所有 1 维 1 子码，即所有 C^1 中的码字，都有相同的重量 8，所以 C^1 是等重子码。

推论 6.4.2 设 C 是 $[n,k]$ 码，C^1 是 k_1 维子码，$C\trianglerighteq C^1$，则下列说法等价：

① 存在一组取值 (r_0,t_0) 使得所有 r_0 维 t_0 子码都有相同的支撑重量，其中

$$t_0\leqslant r_0\leqslant k-k_1+t_0,\quad 1\leqslant t_0\leqslant k_1-1$$

② C^1 是等重码。

③ 对任意一组取值 (r,t)，所有 r 维 t 子码都有相同的支撑重量，其中，

$$t\leqslant r\leqslant k-k_1+t,\quad 1\leqslant t\leqslant k_1$$

与定理 6.4.2 相平行，适当修改其证明，可有下列结论：

定理 6.4.3 设 C 是 $[n,k]$ 码，C^1 是 k_1 维等重子码，如果存在一组取值 (r_0,t_0) 满足：所有 r_0 维 t_0 子码有相同的支撑重量，其中，

$$t_0+1\leqslant r_0\leqslant k-k_1+t_0-1,\quad 0\leqslant t_0\leqslant k_1-1$$

则对任意一组取值(r,t)，所有 r 维 t 子码也都有相同的支撑重量，其中，

$$t \leqslant r \leqslant k-k_1+t, \quad 0 \leqslant t \leqslant k_1$$

推论 6.4.3　设 C 是$[n,k]$维线性码，C^1是其 k_1 维等重子码，则下列说法等价：

① 存在一组取值(r_0,t_0)满足所有 r_0 维 t_0 子码都有相同的支撑重量，其中，

$$t_0+1 \leqslant r_0 \leqslant k-k_1+t_0-1, \quad 0 \leqslant t_0 \leqslant k_1-1$$

② $C \trianglerighteq C^1$。

③ 对任意一组取值(r,t)，所有 r 维 t 子码都有相同的支撑重量，其中，

$$t \leqslant r \leqslant k-k_1+t, \quad 0 \leqslant t \leqslant k_1$$

注记 6.4.1　当 $k_1=0$ 时，取 $t_0=0, r_0>0$，则定理 6.4.2 的结论即与定理 6.3.2 的结论重合，所以，定理 6.4.2 可看成线性等重码相关结论的推广。

注记 6.4.2　在定理 6.4.2 中，取 $r_0=t_0=1$，则这时 C 是二重量码。利用该定理的证明过程和记号，实际上可推得如下结论：

$$U:=\{p: p \text{ 是射影点且 } P_J(p)=\{0\}\}$$

中的点有相同的值；

$$\mathrm{PG}(k-1,q)\backslash U=\{p: p \text{ 是射影点且 } P_J(p)\neq\{0\}\}$$

中的点也有相同的值，即如果 C 是二重量码，则

$$m(p)=\text{常数}:=\iota_1, \quad p\in U \tag{6.4.1}$$

$$m(p)=\text{常数}:=\iota_2, \quad p\in(\mathrm{PG}(k-1,q)\backslash U) \tag{6.4.2}$$

反之，如果 C 的赋值函数$m(\cdot)$满足式(6.4.1)和式(6.4.2)，也可证明 C 是二重量码。先验证 C^1 中的非零码字都有相同重量，根据引理 6.4.1，C^1 中的任何非零码字 c 张成(1,1)子码，从而对应一个射影子空间 $P_{k-2}^{k_1-2}$，且 $w(c)=n-m(P_{k-2}^{k_1-2})$。又任何一个射影子空间 $P_{k-2}^{k_1-2}$ 都含

$$\frac{q^{k-k_1}-1}{q-1}$$

个 U 中的点和

$$\frac{q^{k-1}-1}{q-1}-\frac{q^{k-k_1}-1}{q-1}=\frac{q^{k-1}-q^{k-k_1}}{q-1}$$

个 $\mathrm{PG}(k-1,q)\backslash U$ 中的点，从而每个射影子空间 $P_{k-2}^{k_1-2}$ 的值均为

$$m(P_{k-2}^{k_1-2})=\frac{q^{k-k_1}-1}{q-1}\iota_1+\frac{q^{k-1}-q^{k-k_1}}{q-1}\iota_2$$

于是，对于每个 C^1 中的每个非零码字 c 可得：

$$\begin{aligned} w(c)&=n-m(P_{k-2}^{k_1-2}) \\ &=\left[\frac{q^{k-k_1}-1}{q-1}\iota_1+\left(\frac{q^k-1}{q-1}-\frac{q^{k-k_1}-1}{q-1}\right)\iota_2\right]- \end{aligned}$$

$$\left(\frac{q^{k-k_1}-1}{q-1}\iota_1+\frac{q^{k-1}-q^{k-k_1}}{q-1}\iota_2\right)$$

$$=q^{k-1}\iota_2$$

所以，C^1 是等重子码。

类似的，$C\backslash C^1$ 中的每一个非零码字 c 张成(1,0)子码，从而根据引理 6.4.1，c 对应一个射影子空间 $P_{k-2}^{k_1-1}$，且 $w(c)=n-m(P_{k-2}^{k_1-1})$。既然任何射影子空间 $P_{k-2}^{k_1-1}$ 都含

$$\frac{q^{k-k_1-1}-1}{q-1}$$

个 U 中的点和

$$\frac{q^{k-1}-1}{q-1}-\frac{q^{k-k_1-1}-1}{q-1}=\frac{q^{k-1}-q^{k-k_1-1}}{q-1}$$

个 $\mathrm{PG}(k-1,q)\backslash U$ 中的点，可以得到：

$$\begin{aligned}w(c)&=n-m(P_{k-2}^{k_1-1})\\&=\left[\frac{q^{k-k_1}-1}{q-1}\iota_1+\left(\frac{q^k-1}{q-1}-\frac{q^{k-k_1}-1}{q-1}\right)\iota_2\right]-\\&\quad\left(\frac{q^{k-k_1-1}-1}{q-1}\iota_1+\frac{q^{k-1}-q^{k-k_1-1}}{q-1}\iota_2\right)\\&=q^{k-1}\iota_2+\frac{q^{k-k_1}-q^{k-k_1-1}}{q-1}(\iota_1-\iota_2)\end{aligned}$$

所以，$C\backslash C^1$ 中的码字也有相同的重量。这样，就验证了 C 是(相对于 C^1 的)二重量码。

利用注记 6.4.2 的记号并总结其内容，便可得到如下以赋值函数构造二重量码的方法。

定理 6.4.4 设 C 是$[n,k]$码，C^1 是其 k_1 维子码，G 是 C 的生成矩阵，G 的前 k_1 行生成 C^1，记 G 确定的赋值函数为 $m(\cdot)$，则 C 是相对于 C^1 的二重量码当且仅当 $m(\cdot)$在 U 和 $\mathrm{PG}(k-1,q)\backslash U$ 上的取值均为常数。

6.4.2 二重量码子码支撑重量分布

要确定二重量码的子码支撑重量的分布，只需利用推论 6.4.2，此推论已经说明，对于任何$[n,k]$码 C 和 k_1 维子码 C^1，如果 C 相对于 C^1 是二重量码，则 C 的所有(r,t)子码都有相同的支撑重量，其中数对(r,t)的取值范围为

$$t\leqslant r\leqslant k-k_1+t,\quad 1\leqslant t\leqslant k_1$$

所以，对于固定的这样一对(r,t)，只需计算所有(r,t)子码的个数。

定理 6.4.5　(r,t)子码的个数由下式确定：

$$\prod_{i=0}^{t-1}\frac{q^{k_1}-q^i}{q^t-q^i}\prod_{i=0}^{r-t-1}\frac{q^k-q^{k_1+i}}{q^r-q^{t+i}}$$

"$\prod$"表示因子的连乘。

证明　根据(r,t)子码的含义，只需对这个子码的一组基计数即可。首先选择子码 C^1 中的 t 个线性无关的码字作为基向量。第一个基向量可以是 C^1 中的任何非零码字，所以，第一个基向量的选择方法有

$$q^{k_1}-1$$

第二个基向量不能与第一个选择的基向量相关，即不能是第一个基向量的倍数，所以，第二个基向量的选择方法有

$$q^{k_1}-q$$

一直到第 t 个基向量的选择方法有

$$q^{k_1}-q^{t-1}$$

第 $t+1$ 个基向量选择时按要求应该在 $C\backslash C^1$ 中，所以选择方法有

$$q^k-q^{k_1}$$

第 $t+2$ 个基向量一方面不能在前 $t+1$ 个向量所张成的子空间里，另一方面，第 $t+2$ 个基向量也不能在 C^1 中，因而，第 $t+2$ 个基向量只能在 C^1 和第 $t+1$ 个基向量张成的子空间以外的向量中选择。所以，第 $t+2$ 个基向量的选择方法有

$$q^k-q^{k_1+1}$$

类似的，第 $t+3$ 个基向量的选择方法有

$$q^k-q^{k_1+2}$$

直到第 $r=t+(r-t)$个基向量的选择方法有

$$q^k-q^{k_1+(r-t-1)}$$

以上述方式，所有基向量的选择方法共计：

$$\prod_{i=0}^{t-1}(q^{k_1}-q^i)\prod_{i=0}^{r-t-1}(q^k-q^{k_1+i}) \tag{6.4.3}$$

但由于基向量的选取中，生成同一个(r,t)码出现重复，所以，应该把重复的计数扣除，才是不同的(r,t)子码的个数。

生成同一个(r,t)码的基向量选取的重复次数可如下计算：

第一个基向量可在之前选出的 t 个基向量张成的子空间的任何非零向量中选取，所以，重复次数为

$$q^t-1$$

第二个基向量重复次数为

$$q^t - q$$

直到第 t 个基向量的重复次数为

$$q^t - q^{t-1}$$

第 $t+1$ 个基向量的重复次数等于在 (r,t) 码中的不属于 C^1 的码字个数，所以，重复次数为

$$q^r - q^t$$

第 $t+2$ 个基向量的重复次数等于 (r,t) 子码中不属于前 $t+1$ 个已选基向量的线性组合，所以，这个重复次数为

$$q^r - q^{t+1}$$

类似的，第 $t+3$ 个基向量的重复次数为

$$q^r - q^{t+2}$$

直到第 r 个基向量的重复次数为

$$q^r - q^{r-1}$$

所以，生成同一个 (r,t) 子码的基向量重复选取的总次数为

$$\prod_{i=0}^{t-1}(q^t - q^i)\prod_{i=0}^{r-t-1}(q^r - q^{t+i}) \tag{6.4.4}$$

由式(6.4.3)和式(6.4.4)便得定理结论。 □

注记 6.4.3 如果本节的二重量码用于第 5 章的第二类窃密信道中，则可以看出，窃听者要想获取一个数据，无论他怎么选择坐标位，都需要付出同样大的代价，即他需要窃听的坐标位同样多，由本节的计算结果，我们可适当调整二重量码的参数，使窃听者付出尽可能大的代价。因此，这类二重量码在第二类窃密信道上有重要实用意义。

本章内容介绍的线性等重码和一类二重量码，一方面可使读者了解少量重量码的特点和应用，另一方面也尝试说明有限射影几何的基本概念与编码的联系。有限射影几何理论本身的内容非常丰富，与其他学科包括编码联系紧密。本章编写参考了文献[2]和文献[8]，对有限射影几何方法做了初步介绍，读者若想了解有限射影几何理论及其更深入的应用，可参考文献[5]。

练习题

1. 验证把 $GF(q)^k$ 定义为射影空间 $PG(k-1,q)$ 的等价关系满足等价条件。
2. 给出 $N_{r,1}$ 和 $N_{r,2}$ 的详细计算过程。
3. 计算例 6.4.5 中所有(3,1)子码的支撑重量。

4. 证明定理 6.4.3。

5. 利用注记 6.4.2 中的记号，计算射影子空间 P_{ζ}^{ϑ} 的个数。

6. 利用注记 6.4.2 中的记号，计算经过属于 U 的一个固定点的射影子空间 P_{ζ}^{ϑ} 的个数。

7. 利用注记 6.4.2 中的记号，计算经过属于 $\mathrm{PG}(k-1,q)\backslash U$ 的一个固定点的射影子空间 P_{ζ}^{ϑ} 的个数。

8. 试利用上面第 5,6,7 题的结论给出定理 6.4.2 的另一个证明。

参考文献

［1］Arikan E. Channel polarization：a method for constructing capacity-achieving codes for symmetric binary-input memoryless channels. IEEE Trans. Inform. Theory，2009，55(7)：3051-3073.

［2］陈文德，刘子辉. 码的重量谱：有限射影几何方法. 合肥：中国科学技术大学出版社，2012.

［3］Cover T M，Thomas J A. Elements of information theory. John Wiley and Sons，Inc.，1991.

［4］Dodunekov S，Landgev I. On near-MDS codes. J. Geom.，1995，54：30-43.

［5］Hirschfeld J W P. Projective geometries over finite fields. 2nd ed. London：Oxford University Press，1998.

［6］Hoffman D G，Leonard D A，Lindner C C，et al. Coding theory. New York：Marcel Dekker，1991.

［7］姜丹. 信息论与编码. 合肥：中国科学技术大学出版社，2002.

［8］Liu Z H，Zeng X Y. On a kind of two-weight code. Eur. J. Comb.，2012，33：1265-1272.

［9］Luo Y，Mitrpant C，Vinck A J H，et al. Some new characters on the wire-tap channel of type Ⅱ. IEEE Trans. Inform. Theory，2005，51(3)：1222-1229.

［10］Macwilliams F J，Sloane N J A. The theory of error-correcting codes. Amsterdam：North-Holland，1977.

［11］Ozarow L H，Wyner A D. Wire-tap channel Ⅱ. AT&T Bell Labs. Tech. J.，1984，63(10)：2135-2157.

［12］Roman S. Coding and information theory. Springer-Verlag，GTM 134，1992.

［13］Shannon C E. A mathematical theory of communication. The Bell System Technical Journal，1948，27(3)：379-423.

［14］Tsfasman M A，Vladut S G. Algebraic-geometric codes. Dordrecht-Boston-London：Kluwer Academic Publishers，1991.

［15］Wei V K. Generalized Hamming weights for linear codes. IEEE Trans. Inform. Theory，1991，37(5)：1412-1418.

索　　引